Michael Dreher

Numerische und diagnostische Untersuchung der Schutzgasströmung beim Metallschutzgasschweißen für die Brenner- und Verfahrensentwicklung

TUDpress

Dresdner Fügetechnische Berichte
Herausgeber: Prof. Dr.-Ing. habil. U. Füssel

Herausgeber: Prof. Dr.-Ing. habil. U. Füssel
Technische Universität Dresden
Professur Fügetechnik und Montage
01062 Dresden

Tel.: 0351 / 4633 4347
Fax: 0351 / 4633 7249

Michael Dreher

Numerische und diagnostische Untersuchung der Schutzgasströmung beim Metallschutzgasschweißen für die Brenner- und Verfahrensentwicklung

TUDpress
2014

Bibliografische Information der Deutschen Bibliothek
Die Deutsche Bibliothek verzeichnet diese Publikation in der Deutschen Nationalbibliografie; detaillierte bibliografische Daten sind im Internet unter <http://dnb.ddb.de> abrufbar.

Bibliographic information published by Die Deutsche Bibliothek
Die Deutsche Bibliothek lists this publication in the Deutsche Nationalbibliografie; detailed bibliographic data is available in the Internet at <http://dnb.ddb.de>

ISBN 978-3-944331-90-4

Zugl.: Dresden, Techn. Univ., Diss., 2014

Verlag der Wissenschaften GmbH
Bergstr. 70 | 01069 Dresden
Tel.: 0351/47 96 97 20 | Fax: 0351/47 96 08 19

Satz und Redaktion: Michael Dreher

Printed in EU.

Numerische und diagnostische Untersuchung der Schutzgasströmung beim Metallschutzgasschweißen für die Brenner- und Verfahrensentwicklung

von der Fakultät Maschinenwesen

der Technischen Universität Dresden

zur Erlangung des akademischen Grades

Doktoringenieur (Dr.-Ing.)

angenommene Dissertation

Dipl.-Ing. Michael Dreher

geb. am 30.05.1984 in Dresden

Tag der Einreichung: 20.06.2013

Tag der Verteidigung: 11.09.2014

Gutachter: Prof. Dr.-Ing. habil. U. Füssel

Univ.-Prof. Dr.-Ing. U. Reisgen

Vorwort

Die vorliegende Dissertation entstand in den Jahren 2009 bis 2013 während meiner Tätigkeit als wissenschaftlicher Mitarbeiter an der TU Dresden, Fakultät Maschinenwesen am Lehrstuhl Fügetechnik und Montage. Ein Großteil der Ergebnisse sind zudem im Rahmen des AiF/DFG-Cluster-Projektes „Lichtbogenschweißen - Physik und Werkzeug“ entstanden. Das darin enthaltene IGF-Vorhaben 15.871BR der Forschungsvereinigung Schweißen und verwandte Verfahren e.V. wurde über die AiF im Rahmen des Programms zur Förderung der Industriellen Gemeinschaftsforschung (IGF) vom Bundesministerium für Wirtschaft und Energie aufgrund eines Beschlusses des Deutschen Bundestages gefördert. Die Ergebnisse des Forschungsvorhabens 15.871BR sind meine Eigenleistung und zu Teilen aus dem von mir geschriebenen Abschlussbericht [155] auch im Wortlaut übernommen.

Mein besonderer Dank gilt Herrn Prof. Dr.-Ing. habil. U. Füssel, Leiter der Professur Fügetechnik und Montage, für die Förderung, die Betreuung der Arbeit und die Übernahme des Referates sowie für die vielen anregenden Diskussionen und Hinweise, die für die Ergebnisse dieser Arbeit von grundlegender Bedeutung waren.

Meinen Dank möchte ich auch Herrn Univ.-Prof. Dr.-Ing. U. Reisgen für die Übernahme des Koreferates und die kritische Durchsicht des Manuskriptes aussprechen. Seine Hinweise haben sehr zum Gelingen der Arbeit beigetragen.

Bedanken möchte ich mich bei allen Kollegen der Arbeitsgruppe Lichtbogenprozesse für die langjährige erfolgreiche Zusammenarbeit. Besonders bedanken möchte ich mich bei Herrn Dr.-Ing. Michael Schnick, der mich als Leiter der Arbeitsgruppe Lichtbogenprozesse über viele Jahre unterstützt und gefördert hat sowie durch viele fachliche Diskussionen und seine kritische Durchsicht des Manuskriptes einen wesentlichen Anteil am Inhalt dieser Arbeit hat. Mein Dank gilt auch Dr.-Ing. Sascha Rose und Dipl.-Ing. Martin Häßler für die Unterstützung beim Aufbau der Diagnostikmethoden sowie Dipl.-Ing. Martin Hertel für die Hilfe bei der Erstellung der numerischen Modelle. Besonderer Dank gilt ebenso meinen Studenten, insbesondere Tobias Dreher, Stephanie Hippe, Tobias Möckel und Daniel Weiß.

Weiterhin möchte ich mich bei Dr.-Ing. Volker Johne und Dr.-Ing. Jörg Zschetzsche für die langjährige Unterstützung, auch bereits während des Studiums bedanken.

Mein Dank gilt außerdem der Allianz Industrie Forschung (AiF), dem Bundesministerium für Wirtschaft und Energie sowie der Forschungsvereinigung Schweißen und verwandte Verfahren e.V. des Deutschen Verbandes für Schweißtechnik (DVS).

Der Firma Kjellberg Finsterwalde danke ich für die Übernahme der Druckkosten.

Nicht zuletzt möchte ich mich bei meinen Eltern für die langjährige Unterstützung und Förderung sowie bei meiner lieben Frau Stefanie und unserem Sohn Ruben für ihre Geduld bei der Fertigstellung dieser Arbeit bedanken.

Inhaltsverzeichnis

Verzeichnis der verwendeten Zeichen, Symbole und Abkürzungen

Zeichen und Symbole

Zeichen	Benennung	Einheit
∇	Gradient	
$\nabla \cdot$	Divergenz	
$\otimes$	Dyade	
Ø	Durchmesser	mm
λ	Thermische Leitfähigkeit	W m^{-2} K^{-1}
μ_0	Magnetische Feldkonstante	N A^{-2}
ρ	Dichte	kg m^{-3}
σ	Elektrische Leitfähigkeit	Ω^{-1} m^{-1}
τ	Spannungstensor	kg m^{-1} s^{-2}
Φ	Elektrisches Potential	V
Φ_e	Austrittsarbeit	eV
f	Frequenz	Hz
$\vec{g}$	Fallbeschleunigung	m s^{-2}
h	Enthalpie	J
$\vec{j}$	Elektrische Stromdichte	A m^{-2}
l	Länge	m
$l_{FG,i}$	Breite der Fallgebietsschicht an der Anode bzw. der Kathode	m
$\overline{m}_i$	Mittlere Molmasse Komponente i	kg mol^{-1}
m_i	Masse Komponente i	kg
n	Stoffmenge	mol
p_{abs}	Absolutdruck	Pa
p_{rel}	Relativer Umgebungsdruck	Pa
$\hat{q}_i$	Wärmestromdichte	J s^{-1} m^{-2}
t	Zeit	s
$\vec{u}$	Geschwindigkeit	m s^{-1}
v_D	Drahtvorschubgeschwindigkeit	m/min
v_S	Schweißgeschwindigkeit	m/min

x	Weg	m
$\vec{A}$	Magnetisches Vektorpotential	$V\ s\ m^{-1}$
$\vec{B}$	Magnetische Flussdichte	T
D^{x}_{AB}	Diffusionskoeffizient der Komponenten A und B	$m^2\ s^{-1}$
I_S	Elektrische Stromstärke	A
R	Elektrischer Widerstand	Ω
S_{NEK}	Strahlungsquellterm (Nettoemissionskoeffizient)	$A\ \Omega\ m^3$
T	Temperatur	K
U_S	Elektrische Spannung	V
V_i	Ionisierungsenergie Argon	eV
X_i	Masseanteil Komponente i	kg/kg
Y_i	Volumenanteil Komponente i	mol/mol

Chemischen Elemente und Verbindungen

Symbol	**Benennung**
Al	Aluminium
Ar	Argon
C_3H_8	Propan
CO	Kohlenmonoxid
CO_2	Kohlendioxid
Cr	Chrom
Fe	Eisen
H	atomarer Wasserstoff
H_2	molekularer Wasserstoff
H_2O	Wasser bzw. Wasserdampf
He	Helium
Mg	Magnesium
Mn	Mangan
N	atomarer Stickstoff

N_2	molekularer Stickstoff
Ni	Nickel
O	atomarer Sauerstoff
O_2	molekularer Sauerstoff
O^{2-}	zweifach negativ geladenes Sauerstoff-Ion
Ti	Titan

Verzeichnis der verwendeten Abkürzungen und Begriffe

Abkürzung	**Benennung**
C1	Schutzgasbezeichnung nach DIN EN 439: 100% CO_2
DES	Detached Eddy Simulation (Turbulenzmodell)
div	Divergenz
EL	Elektrode
fps	Einheit der Bildrate (Frames per Second)
grad	Gradient
G	gasgekühlt
GV	Gasverteiler
Hand	Handbrenner
ILB	Impulslichtbogen
k-ε	k-Epsilon (Turbulenzmodell)
k-ω	k-Omega (Turbulenzmodell)
KLB	Kurzlichtbogen
L2F	Laser-Zwei-Fokusverfahren
LDA	Laser Doppler Anemometrie
LES	Large Eddy Simulation (Turbulenzmodell)
LIF	Laser Induzierte Fluoreszenz
LSV	Laser Speckle Velocimetry
M21	Schutzgasbezeichnung nach DIN EN 439: 5-25% CO_2, Rest Argon
MAG	Metall-Aktivgasschweißen
MHD	Magnetohydrodynamik
MIG	Metall-Inertgasschweißen

MSG	Metall-Schutzgasschweißen
MSG-AC	Metall-Schutzgasschweißen mit Wechselstrom
NEC	Nettoemissionskoeffizient
PIV	Particle Image Velocimetry
ppm	parts per million (=10^{-6}), 1 ppm = 1 Teil pro Million wird für Gaskonzentrationsmessgeräte (z.B. O_2-Messung), Angaben von O_2-Konzentrationen in der Literatur und in dieser Arbeit aus Gründen der Übersichtlichkeit auch für die Volumenanteile von O_2 in der Simulation verwendet (korrekt wäre eigtl. die auf den Volumenanteil bezogene Einheit ppmv bzw. vpm)
PTV	Particle Tracking Velocimetry
RT	Raumtemperatur
RANS	Reynolds Averaged Navier Stokes
Robo	Roboterschweißbrenner
SD	Schutzgasdüse
SdT	Stand der Technik
SKD	Stromkontaktdüse
SKD-WST	Abstand Stromkontaktdüse-Werkstück (Kontaktrohrabstand)
SLB	Sprühlichtbogen
SST	Shear Stress Transport (Turbulenzmodell)
vpm	entspricht ppmv, parts per million by volume
W	wassergekühlt
WIG	Wolfram-Inertgasschweißen
WST	Werkstück

1 Einleitung

1.1 Problemstellung

Beim MSG-Schweißen werden Lichtbogen, Werkstoffübergang und Schmelze durch ein Schutzgas vor der Umgebungsluft geschützt. Um einen definierten und reproduzierbaren Prozess zu erreichen, ist eine hohe Qualität der Schutzgasabdeckung notwendig. Störungen in der Schutzgasabdeckung führen zu Unregelmäßigkeiten, wie z. B. zu Spritzern, Oxidniederschlägen, Ruß oder Poren. Die angestrebte Prozessfähigkeit wird nicht erreicht und die Wirtschaftlichkeit der Schweißfertigung reduziert. Bei hochlegierten Stählen oder Titan führt der ungenügende Schutz der Oberfläche vor Oxidation zu Gefügeschäden, Anlauffarben und zu erhöhter Korrosionsanfälligkeit. Beim Schweißen von Aluminium oder Magnesium bewirken bereits geringe Schutzgaskontaminationen starke Rußbildung. Werden Unregelmäßigkeiten in der Schweißnaht erkannt und überschreiten das zulässige Maß, ist aufwändige Nacharbeit notwendig.

Obwohl bekannt ist, dass die Zusammensetzung und die Strömungsverhältnisse der Schutzgasströmung einen entscheidenden Einfluss auf den Prozess, das Schweißergebnis und damit auch auf die Wirtschaftlichkeit bzw. die Anwendbarkeit von Lichtbogenprozessen haben, wurden diese Wechselwirkungen bisher nicht ausreichend untersucht. Grund hierfür ist, dass die aus der Strömungstechnik bekannten experimentellen Methoden zur Analyse von Gasströmungen bisher nicht oder nur sehr eingeschränkt an strahlungsintensiven Lichtbogenprozessen anwendbar waren. Außerdem ist aus der Literatur kein Simulationsmodell bekannt, welches die für den MSG-Prozess charakteristischen physikalischen Effekte abbildet und deren Wechselwirkung mit der Schutzgasströmung und der daraus resultierenden Qualität der Gasabdeckung beschreibt. Dies betrifft sowohl das Strömungsverhalten im Brenner als auch die Ausbildung der Schutzgasabdeckung am Werkstück. Hier besteht Forschungsbedarf.

Durch die zunehmende Verarbeitung der oben genannten atmosphärensensiblen Werkstoffe und durch neue Hochleistungsschweißprozesse werden hohe Anforderungen an die Schweißbrennersysteme und deren Gasschutz gestellt. Bei kommerziellen Brennern haben sich seit Jahren verschiedene Gestaltungsvarianten etabliert, die seitdem im Wesentlichen unverändert angewendet werden. Die Anforderungen im Hinblick auf eine hochwertige Schutzgasabdeckung werden zum Teil nur unzureichend erfüllt. Hier besteht Entwicklungspotential.

Wird die Qualität der Schutzgasabdeckung in den Bezug zur Schweißbarkeit gesetzt, werden starke Abhängigkeiten und Wechselwirkungen deutlich, vgl. Abbildung 1.1. So schränkt beispielsweise nicht nur das Fertigungsverfahren, sondern vor allem der Werkstoff die Wahl des Schutzgases ein und definiert die Anforderungen an die Reinheit der Gasabdeckung. Kann der notwendigen Reinheit nicht entsprochen werden, kommt es zu Abbrand von Legierungselementen, Oxidbildung oder Versprödungen, was den Werkstoff und dadurch die gesamte Schweißkonstruktion beeinträchtigt. Weitere Abhängigkeiten und Wechselwirkungen können Abbildung 1.1 entnommen werden.

Durch eine umfassende Erweiterung des Wissens über die Wechselwirkungen zwischen Werkstoff, Fertigung und Konstruktion in Bezug zu Schutzgasströmung und Qualität der Gasabdeckung ist es daher möglich, die Schweißbarkeit beim Lichtbogenschweißen zu verbessern.

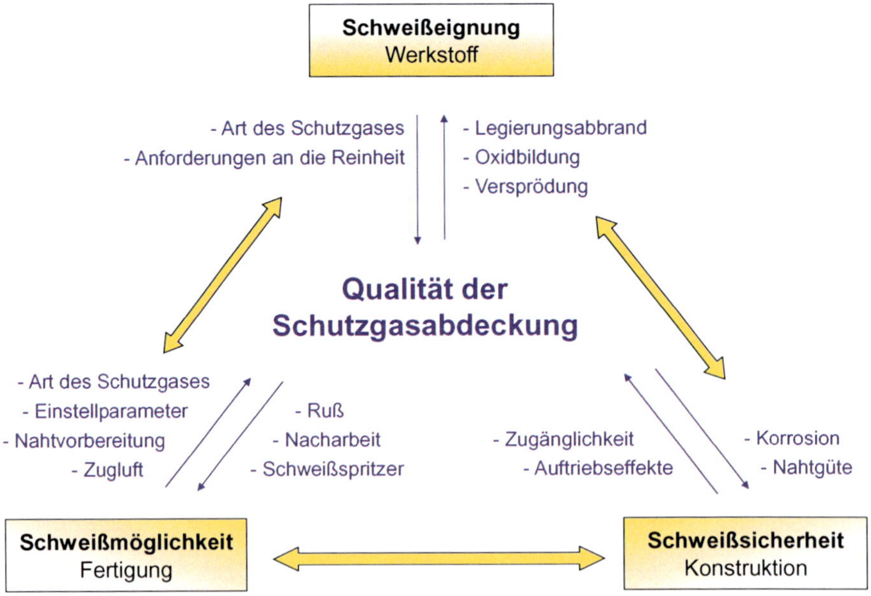

Abbildung 1.1: Wechselwirkungen der Qualität der Schutzgasabdeckung mit Werkstoff, Fertigung und Konstruktion im Hinblick auf die Schweißbarkeit

1.2 Zielstellung und Methodischer Ansatz

Das Ziel der Arbeit ist das Schaffen verbesserter Voraussetzungen für das Schweißen von Werkstoffen, die hohe Anforderungen an die Qualität der Schutzgasabdeckung stellen. Dazu ist es notwendig Schutzgasströmung und Schutzgasabdeckung zu visualisieren und deren Beeinflussung durch die Brennerkonstruktion und die Wechselwirkungen mit dem Prozess zu charakterisieren. Darauf aufbauend sollen Gestaltungsmerkmale für eine gute Schutzgasführung in Schweißbrennern abgeleitet und der Brennerentwicklung als Konstruktionshinweise bereitgestellt werden. Den Verfahrensanwendern sollen potentielle Fehlerquellen hinsichtlich der Auslegung von Schweißprozessen in der Fertigung und Lösungsansätze zu deren Behebung aufgezeigt werden.

Um diese Zielstellungen zu erreichen, wird der in Abbildung 1.2 vorgestellte methodische Lösungsansatz verfolgt. Hierbei werden zwei Arbeitsschwerpunkte definiert. Dies ist zum einen die Auswahl und die Qualifizierung von Methoden zur Visualisierung und Analyse von Schutzgasströmungen an MSG-Lichtbogenprozessen. Im Rahmen dieser Arbeit werden diagnostische und numerische Methoden zusammengeführt und kombiniert. Es erfolgt eine Benennung der Potentiale und Restriktionen der Methoden zur Charakterisierung der Schutzgasströmung und des Gasschutzes an MSG-Schweißprozessen.

Zum anderen sollen durch Anwendung dieser neuen Methoden die Mechanismen der Schutzgasströmung numerisch und experimentell systematisch analysiert und charakterisiert werden. Das betrifft sowohl die Strömung im Schweißbrenner, die Interaktionen zwischen dem Verfahren und dem Schutzgasfreistrahl sowie die fertigungsbedingte Beeinflussung von Gasströmung und Schutzgasabdeckung. Aus diesen wissenschaftlichen Erkenntnissen werden die beabsichtigten Gestaltungshinweise für die Brennerkonstruktion und die Fehlerquellenanalysen für die Fertigung abgeleitet. Diese Empfehlungen werden durch Anwendung der experimentellen und numerischen Methoden überprüft und tatsächliche Vorteile herausgearbeitet.

Die Präzisierung dieses Lösungsweges erfolgt in Kapitel 3 auf Grundlage der Diskussion des Standes von Forschung und Technik.

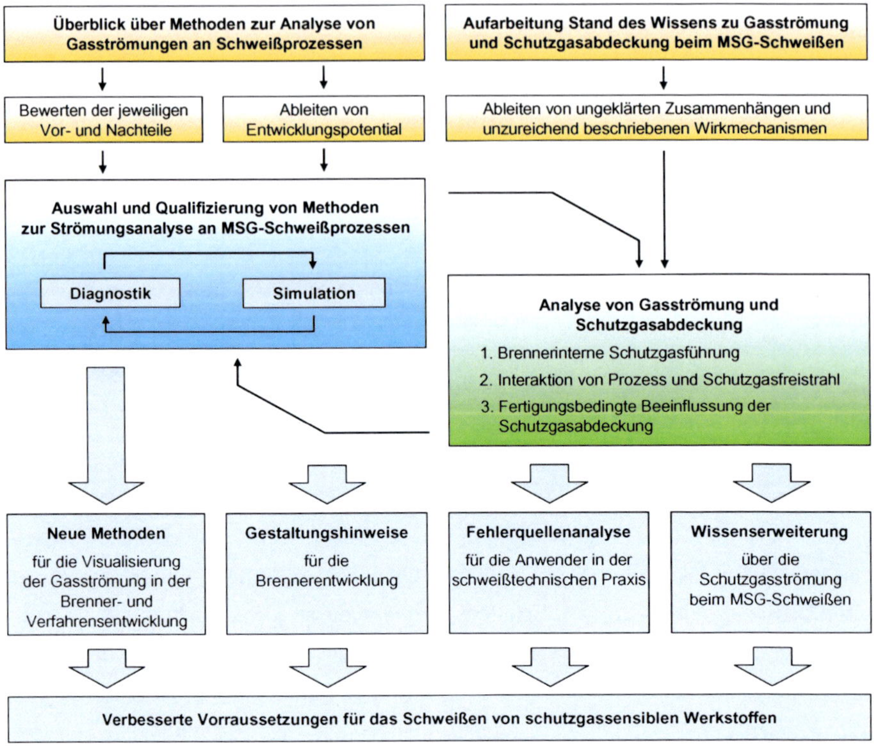

Abbildung 1.2: Vorgehensweise für die Erarbeitung der notwendigen Methoden- und Wissenskompetenz mit dem Ziel einer verbesserten Schutzgasabdeckung beim Schweißen

2 Stand von Forschung und Technik

2.1 Metall-Schutzgasschweißen (MSG)

2.1.1 Verfahren und Anwendung

Der Metall-Schutzgasschweißprozess (MSG) ist nach DIN 1910-100 [1] ein Schmelzschweißverfahren, welches als Energieträger die elektrische Gasentladung, d.h. einen Lichtbogen nutzt. Das MSG-Schweißen wird damit in die Gruppe "Fügen durch Schweißen" der Hauptgruppe "Fügen" als Fertigungsverfahren eingeordnet [2][3]. Der Lichtbogen, der zwischen einer kontinuierlich abschmelzenden Drahtelektrode und dem Werkstück brennt, als auch das Schmelzbad, werden beim MSG-Schweißen durch einen Gasmantel vor dem Zutritt von Umgebungsluft geschützt. Dieses Gas wird von einer äußeren Quelle zugeführt [4]. Nach [1] wird das MSG-Schweißen in Elektrogasschweißen sowie in Abhängigkeit des verwendeten Schutzgases in Metall-Aktivgasschweißen (MAG) und Metall-Inertgasschweißen (MIG) untergliedert.

Der MSG-Schweißprozess wird neben der mechanisierten Fertigung (Schweißwerkstatt, Baustelle) in vielen Anwendungen des Stahl- [5][6], Fahrzeug- [7]-[11] und Anlagenbaus [12]-[14] in automatisierter (Roboter- oder Portalfertigung) oder halb automatisierter Form (automatisiertes Bauteilhandling) eingesetzt und ist für fast alle verschweißbaren Werkstoffe geeignet. Als Vorteile des MSG-Verfahrens sind die einfache Handhabbarkeit, die große Flexibilität, die gute Mechanisierbarkeit und die hohe Produktivität [12] sowie geringe Investitionskosten, Ausführbarkeit bei einseitiger Zugänglichkeit, robuste Technik und der hohe Toleranz- bzw. Spaltausgleich [9] zu nennen.

Eine 2006 von FROST&SULLIVAN durchgeführte Marktanalyse [15] schätzt den Markt für Schweißanlagen in 2013 auf ca. 2 Mrd. $. Mit einem Anteil von ca. 40 % wird dieser Markt durch das Lichtbogenschweißen dominiert. Von allen Lichtbogenanwendungen sind 60 % MSG-Verfahren. Durch die Kombination des MSG-Prozesses mit anderen Verfahren (Hybridtechnologien), wie etwa dem WIG-, Plasma- oder Laserschweißen werden Schweißgeschwindigkeit und/oder Abschmelzleistung weiter gesteigert und der Marktanteil des Verfahrens weiter erhöht.

2.1.2 Schutzgase und Werkstoffe

Das Schutzgas sichert nicht nur die Abschirmung von Lichtbogen und Schmelze vor Umgebungsluft, sondern beeinflusst den gesamten Schweißprozess in entscheidendem Maße. ZSCHETZSCHE [16] verwendet daher den Begriff Prozessgas und integriert dieses in die Betrachtung der Fügbarkeit. Es wird der Einfluss des Prozessgases auf folgende Eigenschaften herausgearbeitet:

- die äußere Nahtform,
- den Einbrand,
- das Zündverhalten,
- die Lichtbogenstabilität,
- die Metallurgie und die mechanischen Eigenschaften der Schweißnaht,
- den Werkstoffübergang,
- die Spritzerbildung und
- die Emission von Rauch und Gasen.

Die richtige Schutzgasauswahl und eine hochwertige Gasabdeckung tragen damit entscheidend zu einem sicheren, produktiven, reproduzierbaren und sauberen Schweißprozess sowie zu den gewünschten Eigenschaften der Fügeverbindung bei [16]-[19]. Je nach Werkstoff und Anwendung werden zum Schutzgasschweißen im Wesentlichen Gase oder Gasgemische der Komponenten Argon (Ar), Helium (He), Kohlendioxid (CO_2), Sauerstoff (O_2), Wasserstoff (H_2) und Stickstoff (N_2) verwendet. In Abhängigkeit der Schutzgasbestandteile wird in MAG- und MIG-Schweißen unterschieden. Beim MAG-Schweißen werden aktive (oxidierende) Komponenten (CO_2, O_2) im Schutzgas verwendet. Besteht ein Schutzgas ausschließlich aus inerten Komponenten (Ar, He) wird von MIG-Schweißen gesprochen. In [20] werden in Abhängigkeit der jeweiligen Gaszusammensetzung sieben Hauptgruppen unterschieden:

- I inerte Gase und inerte Mischgase
- M oxidierende Mischgase mit Sauerstoff und/oder Kohlendioxid
- C stark oxidierende Gase und stark oxidierende Mischgase

- R reduzierende Mischgase
- N reaktionsträges Gas oder reaktionsträges Mischgas mit Stickstoff
- O Sauerstoff
- Z sonstige Mischgase

Wird das Schutzgas durch Umgebungsluft und damit durch molekulare Gase wie N_2, H_2 oder O_2 verunreinigt, können je nach Werkstoff und Randbedingungen negative Folgen wie Rußablagerungen, Anlauffarben, Schweißspritzer, Poren, Oxideinschlüsse oder sogar Risse im Gefüge entstehen [17][18][21]-[26][30][38][40][41]. Diese müssen durch kostenintensive Nacharbeit entfernt werden oder führen sogar zur Unbrauchbarkeit des Bauteils. Im Folgenden wird in Abhängigkeit des Konstruktionswerkstoffes ein Überblick über verwendete Schutzgase beim MSG-Schweißen und die Folgen einer möglichen Schutzgasverunreinigung gegeben:

Unlegierte Stähle und legierte Stähle mit Legierungsanteilen < 5 % nach [27]:

Nach [18] und [28] werden für das Schweißen von un- und niedriglegierten Stählen in Europa vorwiegend Gemische aus Argon, CO_2 und/oder O_2 verwendet. Gegenüber reinem Argon zeigen die oxidierenden Mischgase Vorteile im Hinblick auf Nahtprofil, Porenhäufigkeit, Einbrandkerben und Lichtbogenstabilität. Als universal anwendbares Schutzgas wird ein Gemisch aus 18 % CO_2 und 82 % Argon angegeben. Geringere Zumischungen von CO_2 sind für das Schweißen von Dünnblechen im Impuls- und Sprühlichtbogenbereich geeignet, während höhere CO_2-Anteile bei Zwangslagenschweißungen im Dickblechbereich Anwendung finden. Es ist jedoch zu beachten, dass Spritzervermeidung und ein kurzschlussfreier Werkstoffübergang mit hohen CO_2-Anteilen erschwert werden.

Gemische aus Argon und O_2 werden vorwiegend im Dünnblechbereich eingesetzt und begünstigen auf Grund der reduzierten Oberflächenspannung ein flaches und glattes Nahtbild. Im Sprüh- und Impulslichtbogenbereich werden sehr stabile Lichtbögen, kleinvolumige Tropfenübergänge und spritzerarme Prozesse ermöglicht. Übliche Anteile von O_2 liegen zwischen 4 und 8 %. Auf Grund der reduzierten Oberflächenspannung des Schmelzbades ist das Arbeiten in Zwangslagen gegenüber Argon-CO_2-Gemischen erschwert.

Die Vorteile von CO_2- und O_2-Zumischungen können auch kombiniert genutzt werden. Übliche Zumischungsanteile in Argon bestehen dabei aus 3 bis 8 % O_2 und 5 bis 15 % CO_2. Die Vorteile werden besonders beim Dünnblechschweißen, bei MSG-AC-Schweißungen und hinsichtlich der Spaltüberbrückbarkeit deutlich. Bei hohen Abschmelzleistungen ist der Tropfenübergang kleinvolumig und spritzerarm. Durch die Zumischung von Helium ergeben sich weitere Vorteile für Hochleistungsprozesse. [18][19][29]-[33]

Nach SCHUBERT [33] wird in Asien und Nordamerika trotz steigender Mischgasanwendungen vorwiegend mit reinem CO_2 geschweißt. In [18] wird neben dem breiten Einbrand auf die gute Schutzwirkung in Folge des guten Strömungsverhaltens, der gegenüber Luft größeren Dichte und der Volumenzunahme durch Molekühlspaltung in der Lichtbogenzone hingewiesen. Neben diesen positiven Eigenschaften werden auch Nachteile angesprochen. Stromstärke und Spannung müssen sehr sorgfältig aufeinander abgestimmt werden. Auf Grund der hohen Rückstoßkräfte und des großvolumigen Werkstoffüberganges ist kurzschlussfreies Schweißen im Impuls- und Sprühlichtbogen nicht möglich. Der ständige Wechsel zwischen Lichtbogen- und Kurzschlussphase erhöht den Spritzerauswurf und führt auf Grund von Schmelzbadschwingungen zu Randkerben und einer grobschuppigen Nahtoberfläche.

Wird die Gasabdeckung durch Umgebungsluft gestört, erfolgt die Einmischung von N_2, O_2 und/oder Wasserdampf (H_2O) in den Schutzgasmantel. Nach [34] wird H_2O bei Temperaturen oberhalb 1500 °C in ein gasförmiges Gemisch aus H_2 und O_2 gespalten. Diese Temperaturbereiche werden an MSG Prozessen auch noch in mehreren Millimetern Entfernung zur Lichtbogenachse erreicht [35]-[37]. Durch eingewirbelte Luft können nach DILTHEY [23] sowohl auf mechanische als auch auf metallurgische Weise Poren entstehen. Die mechanische Porenentstehung ist durch den Einschluss von Gasen in der erstarrenden Schmelze gekennzeichnet. Hinsichtlich der metallurgischen Porenentstehung werden beim Schweißen von un- und niedriglegierten Stählen neben Kohlenmonoxid (CO) vor allem N_2 und H_2 als verursachende Gase benannt [18][23]. Ursache ist die sprunghafte Abnahme der Löslichkeit von Gasen beim Übergang der Schmelze in den festen Zustand. Bestätigt wird dieser grundlegende Zusammenhang von Schutzgasverunreinigung und Porenbildung durch Untersuchungen von NOWASZ [38], der für Schweißungen an S355 und S700 bereits ab Luftkonzentrationen von ca. 2 bis 3 % im Schutzgas (Ar/CO_2 82/18) einen deutlichen Anstieg der Porenhäufigkeit nachweist.

Obwohl nach [18] Zumischungen von O_2 mit bis zu 12 % für das Schweißen von un- und niedriglegierten Stählen verwendet werden und als Vorteil ein spritzerarmer Prozess genannt wird, beschreibt KILLING [39] die Bedeutung von O_2-Anteilen im Schutzgas für die Entstehung von Schweißspritzern. KILLING vermutet, dass es beim Sprühlichtbogenschweißen durch höhere O_2-Konzentrationen (als hoch gelten Konzentrationen von ca. 8 %) zur Bildung von CO im Tropfen kommt und diese teilweise noch vor dem Ablösen zerplatzen. In der Folge stellt sich ein sehr spritzerbehafteter Schweißprozess ein. Auf der Grundlage dieser Beschreibung und der darin enthaltenen Hypothese wird geschlussfolgert, dass eine Verunreinigung der Gasabdeckung durch Umgebungsluft und entsprechende O_2-Anteile an der Drahtoberfläche die Entstehung von Schweißspritzern begünstigen. Von NOWASZ [38] durchgeführte Untersuchungen zur Auswirkung von Umgebungslufteinmischungen in das Schutzgas bestätigen die vermehrte Spritzerbildung durch ansteigende Luftkonzentrationen. Die Untersuchungen beziehen sich auf Luftkonzentrationen bis ca. 7 %. Da hier jedoch nicht ausschließlich die O_2-Konzentration im Schutzgas erhöht wurde, sondern alle Luftbestandteile von Einfluss sind, kann die vermehrte Spritzerbildung auch auf andere Mechanismen zurückgeführt werden.

Zusammenfassend gelten un- und niedriglegierte Stähle als relativ unempfindlich gegenüber geringen Schutzgasverunreinigungen. Ist die Vermischung von Schutzgas und Umgebungsluft zu stark, kann dies durch eine erhöhte Porenhäufigkeit bzw. auch durch eine verstärkte Spritzerbildung und daraus resultierende Metalldampf-ablagerungen neben der Naht festgestellt werden. NOWASZ [38] spricht von maximal zulässigen Luftkonzentrationen von 2,5 % (ca. 5.000 ppm O_2 und 20.000 ppm N_2). Als weitere Folge einer unzureichenden Schutzgasabdeckung werden Oxidanhäufungen auf der Naht genannt, die später abplatzen und das Haften von Lack- oder anderen Korrosionsschutzschichten beeinträchtigen [40][41].

Nichtrostende Stähle und legierte Stähle mit Legierungsanteilen >5% nach [27]:

Hochlegierte Cr- und Cr-Ni-Stähle, d.h. auch Duplexstähle, werden bei Verwendung des MSG-Verfahrens im Allgemeinen mit Argon oder Ar-He-Mischgasen und geringen Zumischungen von O_2 und/oder CO_2 geschweißt. Die Aktivgasanteile liegen dabei in der Regel im Bereich weniger Prozent (üblich sind 1 bis 3 % O_2 und/oder 3 bis 5 % CO_2 [23]). O_2-Zumischungen bis 8 % gelten für austenitische Cr-Ni-Stähle generell als unbedenklich [18]. Grundsätzlich führt die Zumischung von O_2 beim Schweißen austenitischer Stähle zu einer verbesserten Lichtbogenstabilität, geringeren Schmelzbadviskositäten und damit zu glatteren Nahtoberflächen. O_2 begünstigt andererseits jedoch die Porenentstehung und bedingt eine erhöhte Oxidbildung (Oxidinseln, Anlauffarben) [42]. Diese Oxide sind nicht korrosionsbeständig (u.a. Flächenabtrag, Loch- und Muldenkorrosion, Interkristalline Korrosion, Spannungsrisskorrosion [53]) und müssen mechanisch oder im Säurebad entfernt werden. Nähte, die nicht mechanisch nachbearbeitet werden, sollten auf Grund geringerer Oxidbildung mit gering oxidierenden Ar-CO_2-Gemischen (etwa 2 bis 3 % CO_2) geschweißt werden. Diese Gasgemische haben sich zum MSG-Schweißen von Cr-Ni-Stählen auf dem Markt durchgesetzt. [18][19][23][28][42]

Auf Grund der chemischen Zusammensetzung von hochlegierten Stählen und der komplexen metallurgischen Abläufe während und nach dem Schweißen ist bei diesen Werkstoffen besonders auf eine gute Schutzgasabdeckung zu achten. Durch die Reaktion mit O_2 bilden sich neben und auf der Nahtoberfläche nicht nur sichtbare Oxidinseln, sondern auch Anlauffarben. Die Dicke und damit auch die Farbe dieser Oxidschichten werden durch die Menge des vorhandenen O_2 bzw. durch die Temperatur der Werkstückoberfläche bestimmt. Nach FINKE [46][47] können Anlauffarben anhand ihrer chemischen Zusammensetzung in drei Bereiche eingeteilt werden. Bis zu einer Gelbfärbung handelt es sich um Chromoxide. Die Schichtdicke ist jedoch deutlich dicker als die der Passivschicht. Rote Oxidschichten bestehen oberflächig aus Chromoxiden, welche sich auf einer chromverarmten Unterschicht befinden. Blau- und Grautöne bestehen vorwiegend aus korrosionsanfälligen Eisenoxiden. International hat sich die Bezeichnung „strohgelb“ bzw. „straw yellow“ als gerade noch zulässige Anlauffarbe etabliert. Als Schichtdicke für „strohgelbe“ Anlauffarben sind in der Literatur Werte im Bereich 25 bis 80 nm zu finden [44][48]. Oberflächen mit „strohgelben“ Anlauffarben besitzen eine vergleichbare Korrosionsbeständigkeit wie der Grundwerkstoff [49][50]. Daher gelten im Baugewerbe nach [51] für die Korrosionsklassen I und II dunklere Anlauffarben als „strohgelb“ als unzulässig. In den Korrosionsklassen III und IV sind Anlauffarben generell nicht akzeptiert. Ähnliches gilt nach [52] für den Bau von Trinkwasserverteilungs- und Trinkwasserspeichersystemen. AMMANN [43] spricht bei CrNi-Stählen von einer Grenztemperatur von 250°C. In anderen Quellen werden für „strohgelb“-Färbungen Grenztemperaturen von bis zu 400°C angegeben [44][48]-[50]. Ein Grenzwert für freien O_2 in Bereichen höherer Temperatur wird nicht direkt festgelegt. Auf Grundlage von Schweißergebnissen [43][45] können in

Abhängigkeit des jeweiligen Werkstoffes, Werte größer 50 ppm jedoch als kritisch angesehen werden. [42]-[56]

Ein weiteres Problem kann die Einmischung von N_2 in die Schutzgasabdeckung darstellen. Geschieht dies während oder kurz nach dem Schweißen würde dies beispielsweise bei ferritischen Cr-Stählen sofort zu Verbindungen von Cr und N_2 und damit zu Chromnitridausscheidungen (CrN) an den Korngrenzen und im Korn führen. Bei den ohnehin schlecht schweißbaren martensitischen Chromstählen sollte hinsichtlich der Kaltrissgefahr zudem auf eine geringe Wasserstoffaufnahme (z.B. bei Einwirbelung feuchter Umgebungsluft) geachtet werden. [23]

Beim Schweißen von hochlegierten Stählen können daher ein erhöht spritzerbehafteter Prozess, starke Rußbildung, vermehrte Häufigkeit von Oxidinseln und dunkle Anlauffarben als Folgen einer mangelhaften Schutzgasabdeckung zusammengefasst werden. Im Lichtbogenbereich und bei Werkstücktemperaturen >250°C sollte eine Sauerstoffkonzentration >50 ppm im Hinblick auf gerade noch zulässige Anlauffarben nicht überschritten werden.

Aluminium und Aluminiumlegierungen:

Zum MSG-Schweißen von Aluminiumwerkstoffen werden meist Edelgase, d.h. Ar, He oder Ar-He-Gemische verwendet. Höhere He-Anteile werden vorwiegend für sehr große Bauteile und hohen Wärmebedarf eingesetzt. Um die Lichtbogeneigenschaften gegenüber Rein-Ar zu verbessern, bzw. um etwas schmalere Raupen mit ggf. etwas tieferem Einbrand zu erzielen, sind Zumischungen von N_2 (max. 0,015 %), CO_2 (max. 0,1 %) oder O_2 (max. 0,1 %) möglich. [18][28][32]

GOECKE [22] untersucht den Einfluss einer gezielten Aktivgaszumischung im vpm-Bereich beim MIG-Impulsschweißen von Aluminiumwerkstoffen. Er fasst für dieses Anwendungsgebiet den Stand der Technik bzgl. einer Zumischung der Komponenten N_2, O_2, H_2 aber auch CO_2 und Methan in Ar zusammen. Als Vorteile einer N_2-Zumischung von 150 vpm werden nach [57]-[60] ein ruhigerer, spritzerärmerer und konzentrierterer Lichtbogen, eine geringere Bindefehlerneigung, ein intensiverer Einbrand, geringere Porenneigung, schmalere und blankere Nähte und geringere benötigte Stromstärken genannt. In eigenen Untersuchungen wird der Aktivgasanteil von 50 bis 20.000 vpm variiert. Schweißungen mit Rein-Ar führen zu metallisch blanken Nahtoberflächen und einem Bereich dunklen Niederschlages neben der Naht. Zumischungen von N_2 und O_2 erhöhen die Spritzerbildung, verstärken die

Niederschläge, reduzieren jedoch deren Breite. Vor allem durch O_2-Zumischung (1000 vpm) wurden deutlich verstärkte Niederschläge auf der Nahtoberfläche und ein „Zerplatzen der Tropfen“ in 60 % aller Werkstoffübergänge nachgewiesen.

FUKUI [60] beschreibt beim MSG-Aluminiumschweißen an AlMg4,5Mn die Auswirkungen der Zumischung von N_2, O_2 und H_2 im Prozentbereich auf das Nahtaussehen, den Einbrand und die mechanischen bzw. werkstofftechnischen Eigenschaften der Verbindung. Erhöhte Zumischungen von N_2 ($\geq$ 5 %) führen zu einem braunen bis schwarzen Niederschlag auf der Naht. Zumischungen von O_2 ($\geq$ 2 %) bewirken dagegen einen weißen Niederschlag. O_2-Konzentrationen >5 % führen zu einer grobschuppigeren und ungleichmäßigeren Naht sowie zu Einbrandkerben. Es wird jedoch auch darauf hingewiesen, dass O_2 bzw. N_2-Zumischungen von bis zu 10 % die Porenhäufigkeit reduzieren, was durch Untersuchungen in [38] bestätigt wird. Konkrete Grenzkonzentrationen für N_2 oder O_2 werden nicht genannt. H_2-Zumischungen führen nicht zu Niederschlägen auf der Naht. Allerdings steigt die Porosität erheblich an. Dies reduziert Nahtaussehen und Zugfestigkeit. In allgemeinen Hinweisen für den Praxiseinsatz werden Poren oft als Folge einer mangelhaften Schutzgasabdeckung beim Aluminiumschweißen beschrieben [26][61].

Für das Schweißen von Aluminiumwerkstoffen kann zusammengefasst werden, dass Verunreinigungen des Schutzgases zu einem unruhigen Lichtbogen und zu verstärkter Spritzer- und Rußbildung führen. Nach GOECKE [22] können aus Sicht des Nahtbildes bereits O_2- bzw. N_2-Konzentrationen von 1000 vpm (0,1 %) als problematisch eingeschätzt werden. Eine direkte Grenze der O_2-Konzentration im Schutzgas beim MIG-Aluminiumschweißen wird nicht angegeben. NOWASZ [38] spricht im Hinblick auf das Nahtbild von einer maximal zulässigen Lufteinmischung beim Aluminiumschweißen von 0,14 % (ca. 300 ppm O_2 und ca. 1100 ppm N_2).

Kupfer und Kupferlegierungen:

Kupfer und Kupferlegierungen werden in der Regel mit Ar-He-Gemischen geschweißt. Selten werden 100 % Ar verwendet, bei hohem Wärmebedarf werden auch 100 % He oder auch ArN_2-Gemische (<30% N2) eingesetzt. [18][28][63]

Bei einer unzureichenden Schutzgasabdeckung kommt schmelzflüssiges Kupfer mit O_2 in Berührung und verbindet sich zu Kupferoxydul (Cu_2O), welches im festen Zustand an den Korngrenzen abgeschieden wird und die Schweißnahtzähigkeit reduziert. Wird der Schmelze zusätzlich noch H_2 zugeführt, verbindet dieser sich mit dem Sauerstoff des

Cu_2O. Der entstehende Wasserdampf (H_2O) ist auf Grund seiner Molekülgröße nicht mehr diffusionsfähig und wird beim Erstarren unter hohem Druck im festen Gefügeverbund eingeschlossen. Dies führt nachfolgend zur Aufweitung der Korngrenzen und zu Rissbildung bzw. Gefügelockerung (Wasserstoffkrankheit) [62]. Aus diesem Grund wird bei hohen Anforderungen an die Festigkeit sauerstofffreies Kupfer eingesetzt. Beim Schweißen dieser Werkstoffe ist die Aufnahme von O_2 während des Schweißens mit Hilfe geeigneter Gasschutzsysteme zu verhindern. [63] Bei Temperaturen >250°C und einer mangelhaften Schutzgasabdeckung setzt die Verzunderung der Cu-Oberfläche ein und es bildet sich eine schwarze CuO-Schicht. [64]

Nickel und Nickellegierungen:

Nickel und Nickellegierungen sind im Allgemeinen ohne besondere Schwierigkeiten schweißgeeignet [30]. Vorzugsweise wird der Impulslichtbogen eingesetzt. Als Schutzgase kommen meist Ar-He-Gemische mit He-Anteilen von bis zu 50 % zum Einsatz. Selten wird auch 100 % Ar verwendet. Die Beimischung von H_2 (max. 5 %) und / oder CO_2 (max. 3 %) verbessert die Lichtbogeneigenschaften und die Benetzbarkeit. [18][28][30][65]

Wird die Schutzgasabdeckung beim Schweißen von Nickel oder Nickellegierungen verunreinigt, können vorwiegend durch N_2- aber auch durch O_2-Aufnahme in die Schmelze beim Erstarren Poren entstehen. Kommt der Werkstoff bei Temperaturen >650 °C mit der Atmosphäre in Berührung, kann interkristalline Oxidation einsetzen und das Gefüge wird geschädigt. Im Zusammenhang dazu steht ein zeitabhängiges Risswachstum (SAGBO-Effekt [67]), welches von der chemischen Zusammensetzung, der Temperatur (bereits ab Temperaturen >500 °C), dem O_2-Partialdruck und der Spannung im Gefüge abhängt. Dies stellt hohe Anforderungen an den notwendigen Gasschutz. [30][65]-[66][67]

Besonders interessant sind niedrige O_2-Konzentrationen (auch nachlaufend) für Zwischenlagenschweißungen, da das Entfernen der Oxidschichten vor dem Schweißen der nächsten Lage entfallen kann. [68]

Magnesium:

Zum MIG-Schweißen von Magnesium wird vorwiegend der Kurzlichtbogen, ggf. mit Impulsüberlagerung unter Argon eingesetzt. Aussagen zu den werkstoffspezifischen

Folgen einer mangelhaften Schutzgasabdeckung sind in der Literatur kaum zu finden. Auf Grund der niedrigen Verdampfungstemperaturen und des hohen Dampfdruckes neigt Magnesium allgemein zu starker Spritzerbildung. Wird die Schutzgasabdeckung durch Atmosphärengase verunreinigt, verstärkt sich dieser Effekt und es bildet sich vermehrt ein schwarzer Niederschlag auf und neben der Naht. Dabei handelt es sich, wie auch beim Schweißen von magnesiumhaltigen Aluminiumlegierungen, um Magnesiumoxid (MgO). Um die Verdampfung und Oxidbildung so gering wie möglich zu halten, muss der Zutritt von Luft in den Prozessbereich unbedingt verhindert werden. Auf Grund der O_2-Affinität und der hohen Löslichkeit von H_2 im flüssigen Zustand müssen jedoch nicht nur der Lichtbogen, sondern auch die Schmelze vor Luftzutritt geschützt werden. [69][70]

Titan:

Zur Eignung des MSG-Prozesses zum Schweißen von Titanwerkstoffen existieren in der Literatur widersprüchliche Angaben. Nach [30] ist das Verfahren grundlegend geeignet, Anwendungen sind jedoch kaum bekannt. HUFNAGEL [71] bestätigt die Eignung des MSG-Schweißens für Titanwerkstoffe. BRUNE [72] betont, dass das MIG-Verfahren hinsichtlich der hohen Wirtschaftlichkeit und der guten Spaltüberbrückbarkeit zwar wünschenswert wäre, für die Praxis jedoch auf Grund sehr langer Schleppdüsen und der Spritzerhäufigkeit nicht empfehlenswert sei. Auf Grund der hohen Affinität von Titan zu den molekularen Atmosphärengasen wird eine sehr hochwertige Gasabdeckung benötigt. In der Regel werden Argon beziehungsweise auch Ar-He-Gemische zum Schweißen verwendet.

Einmischungen von O_2, N_2 oder H_2 in die Schmelze führen zu einer Versprödung des Werkstoffes [73]. Hinsichtlich der zu schützenden Werkstückbereiche existieren verschiedene Aussagen in der Literatur. Das DVS-MERKBLATT 2713 [73][74] verweist auf die Entstehung von zulässigen Anlauffarben in einem Temperaturbereich von 300-500 °C, empfiehlt jedoch Bereiche >300 °C vor dem Zutritt von Umgebungsluft zu schützen. Im Hinblick auf das Formieren wird in [75] von einer Grenztemperatur von 200 °C gesprochen. HUFNAGEL [71] betont, dass der Gasschutz an der Wurzelseite in Temperaturbereichen >100 °C aufrecht erhalten werden muss.

2.1.3 Zusammenfassung von Folgen einer unzureichenden Gasabdeckung

Auf Grundlage der in Kapitel 2.1.2 durchgeführten Recherchen sind in Tabelle 2.1 die Folgen einer unzureichenden Schutzgasabdeckung in Abhängigkeit des Grundwerkstoffes zusammengestellt und hinsichtlich ihrer werkstoffspezifischen Signifikanz gewichtet. Die Wichtung der Folgen soll lediglich dazu dienen, Erkennungsmerkmale hervorzuheben, die in der Praxis auf eine mangelhafte Schutzgasabdeckung hinweisen.

Tabelle 2.1: Literaturüberblick und Wichtung von Folgen einer unzureichenden Schutzgasabdeckung beim MSG-Schweißen in Abhängigkeit des verwendeten Werkstoffes

	Folgen einer unzureichenden Schutzgasabdeckung					
Werkstoff	**Spritzerbildung (Prozessunregelmäßigkeiten)**	**Ruß auf und neben der Naht**	**Poren in der Schweißnaht**	**Oxidinseln auf der Naht / Oxideinschlüsse**	**Schäden im Gefüge**	**Anlauffarben / Verzunderung**
Stahl (un- /niedrig legiert)	[24][25] [38]**[39]**	[38]	*[18]****[18]****[23]* ***[23]***[24][25] [38]***[38]***	[40][41]		
Stahl (korrosionsbeständig)	[24][25]		[24][25]**[42]**	**[42]**	*[23]*	**[42]-[56]**
Aluminium	*[22]***[22]** [24][25] [38]	*[22]***[22]** **[26]**[38] *[60]***[60]**	[24]-[26] ***[60]***[61]	[26]		
Kupfer	[24][25]		[24][25]	**[62]*****[62]*** **[63]*****[63]***		[64]
Nickel	[24][25]		[24][25]*[65]* *[66]***[66]**		**[66][67]**	[30]
Magnesium	[24][25] [69][70]	[69][70]	[24][25]			
Titan	[24][25]		[24][25]		[73]	[71][73]-[75]

keine bzw. untergeordnete Signifikanz	mittlere Signifikanz	starke Signifikanz

Kennzeichnung der Literaturverweise: Folgen einer allgemein verunreinigten Schutzgasatmosphäre (Luft, nicht weiter spezifiziert; z.T. nicht werkstoffbezogen)

Folgen speziell durch Stickstoff (N_2)

Folgen speziell durch Sauerstoff (O_2)

Folgen speziell durch Wasserstoff (H_2)

Anzumerken ist, dass sich die Aussagen zu den Folgen einer mangelhaften Schutzgasabdeckung oft auf sehr grundlegende Diskussionen von komplexen werkstofftechnischen Vorgängen (Gefügeausbildung, Risswachstum, etc.) oder auf sehr allgemeine Beschreibungen (nicht werkstoff- oder prozessspezifisch) beziehen. Eine Präzisierung oder Vervollständigung der in Tabelle 2.1 zusammengestellten Übersicht wäre wünschenswert, ist im Hinblick auf die Schwerpunkte der Zielstellung jedoch nicht Inhalt dieser Arbeit.

2.1.4 Hinweise zum Erzielen einer guten Gasabdeckung

Zum Erzielen einer guten Gasabdeckung werden in der Literatur [18][19] und den Lehrunterlagen [30] verschiedene Hinweise bzgl. der Gasmenge, der richtigen Brennerdimensionierung, der Brennerposition oder den Schweißparametern gegeben. Empfehlungen für die einzustellende Schutzgasmenge richten sich dabei jedoch fast ausschließlich nach der Gasdüsengeometrie, der Schweißstromstärke oder dem Werkstoff, Abbildung 2.1.

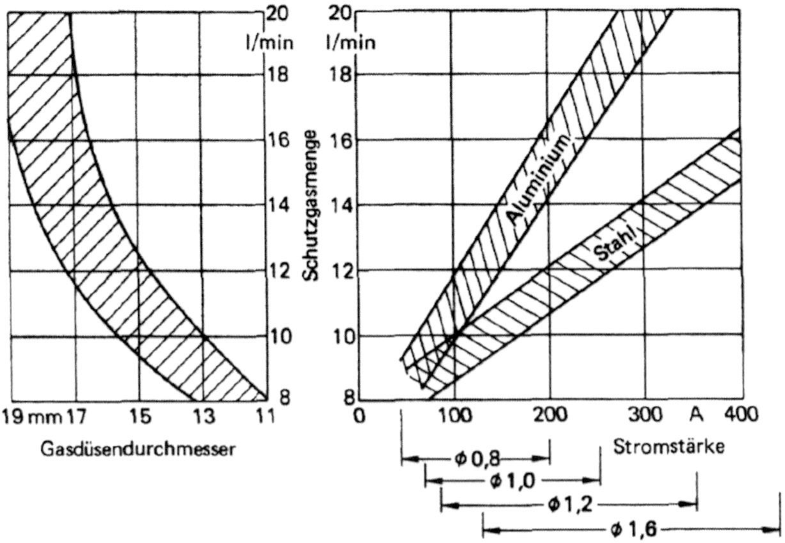

Abbildung 2.1: Auswahl der Schutzgasmenge in Abhängigkeit von Gasdüsendurchmesser und Stromstärke [18]

Weiterhin werden Hinweise für das Einstellen des Brennerabstandes oder der Brennerneigung gegeben. In der Praxis bestimmt in vielen Fällen jedoch die Zugänglichkeit die Positionierung des Brenners, so dass Hinweise fehlen, mit welchen Maßnahmen ein Abweichen von den allgemein empfohlenen Angaben kompensiert werden kann. Die Grundlage für das Bereitstellen solcher Hinweise ist das Verständnis über die strömungstechnischen Vorgänge am Werkstück und damit die Kenntnis der Interaktion zwischen Gasströmung und Prozess.

In der Literatur als auch in den Lehrunterlagen werden Wechselwirkungen zwischen Prozess und Gasströmung im Hinblick auf die resultierende Schutzgasabdeckung zurzeit nur unzureichend beschrieben, so dass das Wissen verbessert werden muss. Die Hinweise basieren vorwiegend auf Erfahrungswerten. Systematische Untersuchungen zur Beeinflussung der Schutzgasabdeckung konnten lediglich in [76] recherchiert werden. Die Untersuchungen konzentrieren sich dabei jedoch im Wesentlichen auf die Konstruktion eines Schweißbrenners mit verbesserter Gasführung. Die Strömungseffekte werden phänomenologisch betrachtet. Zusammenfassend muss das Verständnis über die Wechselwirkungen zwischen Geometriemerkmalen des Brenners, Prozess und Schutzgasströmung erweitert und dokumentiert werden.

2.2 Konstruktion von MSG-Schweißbrennersystemen

Die Qualität der Schutzgasabdeckung wird in einem entscheidenden Maß von der Gasführung im Schweißbrenner bestimmt. Durch die Gestaltung des Gasverteilers und durch die Form der Schutzgasdüse soll ein möglichst homogener und laminarer Gasmantel um den Prozess und das Schmelzbad erzeugt werden. Hier haben sich seit vielen Jahren verschiedene Gestaltungsvarianten etabliert, die seitdem im Wesentlichen unverändert angewendet werden. Das Schutzgas wird durch das Innen- oder Außenrohr zum Brennerkopf geführt und strömt durch den Düsenstock und ggf. durch einen Gasverteiler radial nach außen in eine Schutzgasdüse, die den Freistrahl axial auf die Werkstückoberfläche lenkt, vgl. [18][19][30][33][77]-[81].

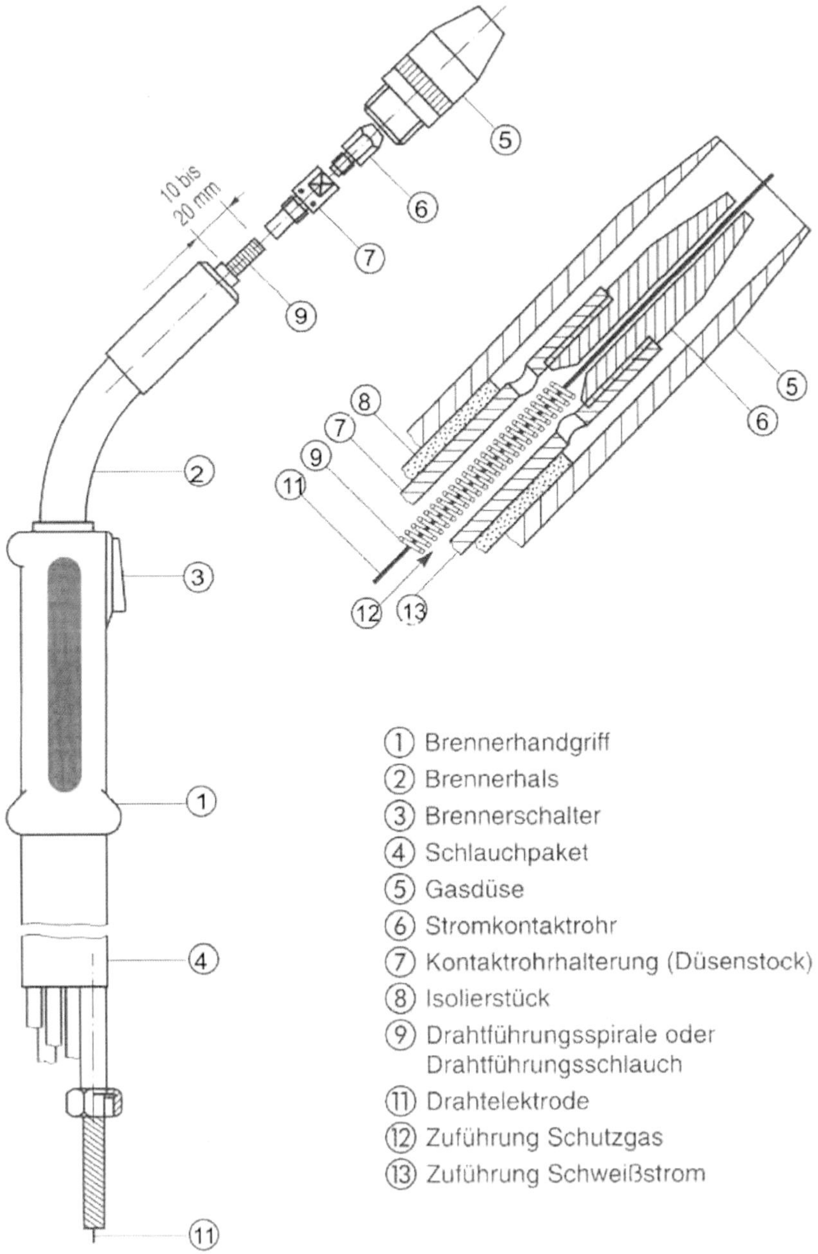

Abbildung 2.2: Schematische Darstellung eines MSG-Schweißbrenners [81]

Durch eine Vielzahl von Patenten und Gebrauchsmustern wird jedoch deutlich, dass sowohl hinsichtlich der Breite des Gasschutzes als auch hinsichtlich der Strömungseigenschaften die Notwendigkeit von Alternativen besteht. Daher existieren verschiedene Systeme, die einen zweiten, äußeren Gasmantel gewährleisten. Dieser zweite Gasstrom kann unabhängig vom inneren Gasstrom zugeführt werden [76]-[83], es ist jedoch auch eine gezielte Interaktion beider Gasströme im Brenner denkbar [84][85].

Ein 2002 am ISF in Aachen abgeschlossenes Forschungsprojekt [76] beschreibt die Entwicklung eines hinsichtlich der Schutzgasabdeckung optimierten MSG-Brenners. Im Rahmen des Vorhabens wurden mit Hilfe umfassender Strömungsdiagnostik und zum Teil aus Plexiglaskomponenten aufgebauten Demonstratoren verschiedene Kombinationen aus Düsenstock, Gasverteiler und Gasdüse im Hinblick auf deren Auswirkung auf die Schutzgasströmung betrachtet sowie Hinweise für die Brennerkonstruktion abgeleitet. Der im Ergebnis aufgebaute Brenner realisiert eine Doppelgasströmung, vgl. Abbildung 2.3. Dabei soll eine schnelle Außenströmung den inneren Bereich vor der Atmosphäre abschirmen und eine Schutzgasglocke erzeugen, die eine stützende Wirkung auf die innere Gasabdeckung von Prozess und Lichtbogen hat. Das Verhältnis von Außen- zu Innenströmung wird mit 3,5 angegeben (innen: 4 l/min, außen 14 l/min). Die Interaktionen zwischen dem Prozess und den Teilgasströmen wurden nicht visualisiert.

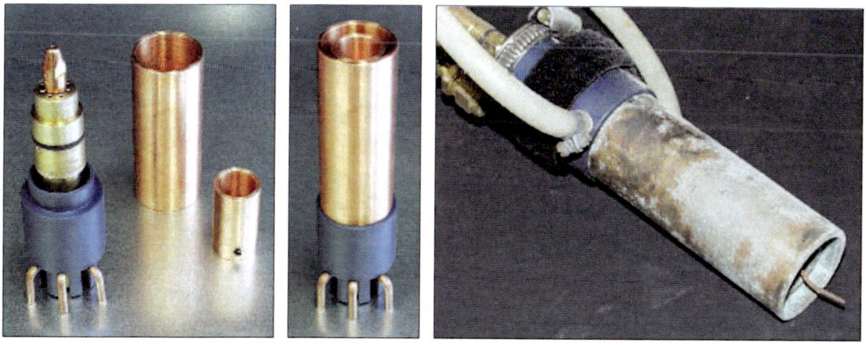

Abbildung 2.3: Demonstrator eines MSG-Brenners mit Doppelgaszuführung [76]

Die durch YOKOTA [82] patentierte Lösung (Abbildung 2.4, links) realisiert die innere Gasführung über einen sehr langen und zugleich sehr schmalen Strömungsraum. Der einseitig eingeleitete, äußere Gasstrom wird durch ein poröses Material angestaut, gleichmäßig über den Brennerumfang verteilt und gleichgerichtet. Die äußere Gasdüse ist gegenüber der inneren Gasdüse zurückgesetzt und durch eine trompetenförmige Gestaltung gekennzeichnet.

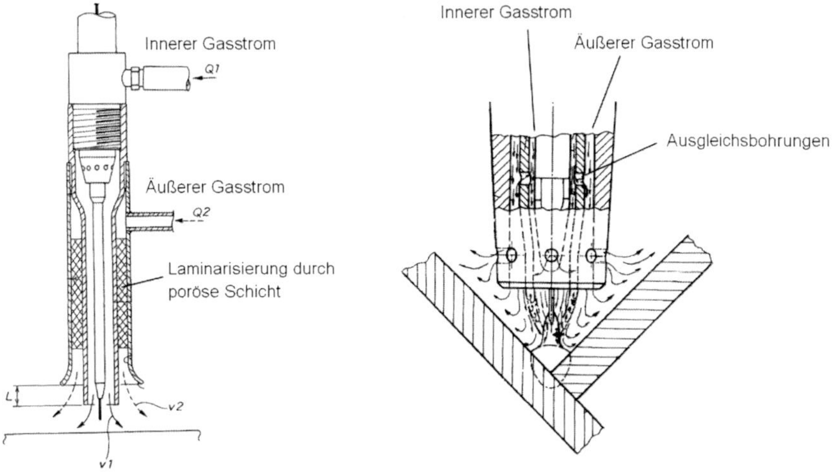

Abbildung 2.4: Unabhängig zugeführter äußerer Gasstrom nach [82] links und Interaktion von innerem und äußerem Gasstrom durch Ausgleichsbohrungen in der Zwischendüse nach [84] rechts

Eine weitere Ausnahme zur konventionellen Gasführung stellt die durch BÜRKNER [85] patentierte Lösung dar, Abbildung 2.5. Die Besonderheit dieses MSG-Brenners ist die getrennte Zuführung von zwei Schutzgasteilströmen. Einer dieser Teilströme kann dabei auch als Reinigungsgas (Brennerreinigung) nach dem Schweißen eingesetzt werden. Es ist aber auch die Verwendung von beiden Teilströmen zur Anströmung des Lichtbogens während des Schweißens vorgesehen. Durch ein Gasreservoir und das Abströmen über Längsnuten zwischen Brennerinnen- und Brenneraußenrohr sollen Schwankungen in der Gasmenge vermieden und ein laminares Ausströmen des Schutzgases erreicht werden.

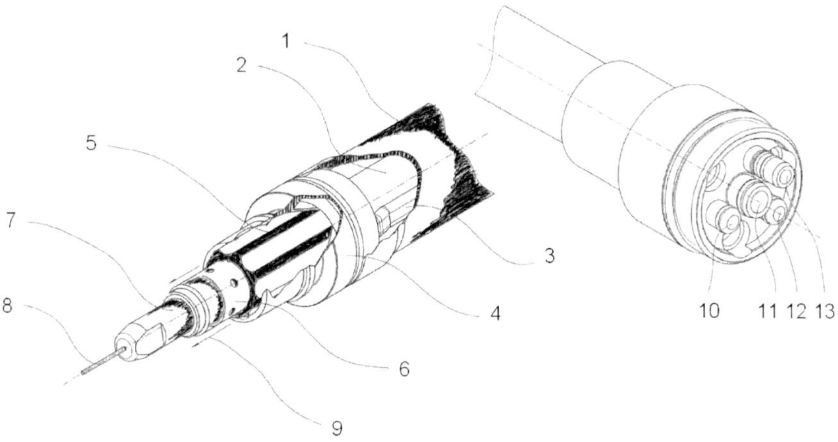

1	Außenrohr	6	Düsenstock	10	Wasserkühlung
2	Brennerrohr	7	Stromdüse	11	Mittlere Schutzgaszuführung
3	Äußerer Wasserkühlkreislauf	8	Schweißdraht	12	Wasserkühlung
4	Gasdüsenaufnahme	9	Schutzgasströmung	13	Zweite Schutzgaszuführung
5	Hülse mit Längsführung				

Abbildung 2.5: MIG/MAG-Schweißbrenner mit zwei Schutzgaszuführungen nach [85]

Die Notwendigkeit einer alternativen Gasverteilung, gerade für kurze Brenner mit großen Gasdüsendurchmessern, welche z.B. für das Verschweißen von bandförmigen Elektroden eingesetzt werden, wird von KRAUS [86] beschrieben. Bei diesen Brennertypen kann durch die konventionelle Gasführung kein gleichmäßiger und laminarer Schutzgasstrom gewährleistet werden. In der in Abbildung 2.6 beschriebenen Lösung wird daher im oberen Teil der Gasdüse ein ringförmiger Verteilungskanal angeordnet, der durch eine größere Zahl von Öffnungen mit dem Strömungsraum im Inneren der Gasdüse verbunden ist. Durch ein Metallgewebe in diesem Kanal soll ein möglichst turbulentes Strömungsverhalten im Inneren des Kanalabschnittes und damit die gleichmäßige Verteilung des Gases über den Brennerumfang sowie eine laminare Anströmung des Werkstückes erreicht werden. Fraglich ist jedoch, ob das direkte Einströmen in das Metallgewebe zu einer gleichmäßigen Verteilung des Gases führt. Weiterhin erfolgt die Schutzgaszufuhr von außen und nicht durch eine brennerinterne Gasführung. Dies schränkt die Zugänglichkeit des Brenners ein.

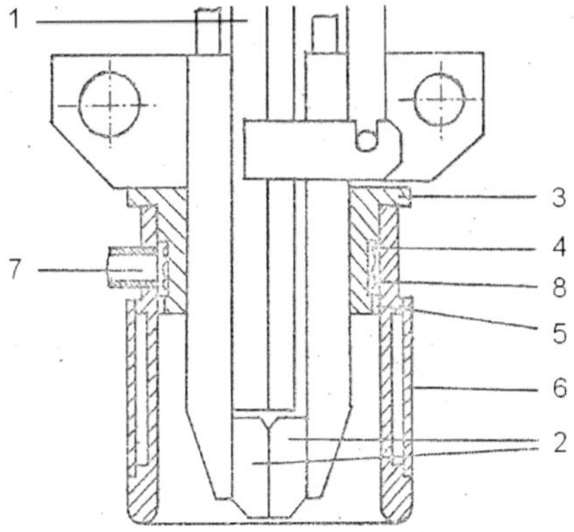

1 Führungselemente
2 Kontaktbacken
3 Aufnahmedorn
4 Ringförmiger Kanal
5 Bohrungen
6 Schutzgasdüse
7 Gaszuführung
8 Metallgewebe

Abbildung 2.6: Alternative Gasverteilung durch einen ringförmig angeordneten Strömungskanal nach [86]

VETTEN [87] beschreibt ebenfalls die Verwendung von porösen Werkstoffen in MSG-Schweißbrennern. Der poröse Werkstoff wird vorwiegend zur verbesserten Kühlung des Brenners aber auch zur gleichmäßigeren Verteilung und zur Laminarisierung des Schutzgases im Bereich des Brennerhalses integriert. Es wird jedoch nicht auf das Potential poröser Werkstoffe im Brennerkopf bzw. im Bereich des Gasverteilers eingegangen.

Entgegen eines möglichst gleichmäßigen Gasstromes schützt BÜRKNER [88] ein Verfahren zur zeitlich veränderlichen Schutzgaszuführung. Ziel ist es zum einen die Lichtbogeneigenschaften und damit den Staudruck auf die Schmelze bzw. den Wirkungsgrad des Lichtbogens zu beeinflussen sowie zum anderen die Zusammensetzung des Gases zeitlich zu verändern. Es ist jedoch nachzuweisen, dass eine schnelle Regelung des Schutzgasvolumenstromes das Strömungsprofil zwischen Gasdüse und Werkstück entscheidend beeinflusst und welche Wechselwirkungen zwischen Gasströmung und Prozess überhaupt zu den gewünschten Beeinflussungen des Schweißergebnisses führen.

Zusammenfassend ist festzustellen, dass die bisherige Auslegung und Konstruktion von Schweißbrennern vor allem problemorientiert durchgeführt wird und vorwiegend auf der langjährigen Erfahrung der Brennerhersteller beruht. Es konnten lediglich vereinzelte Untersuchungen bzgl. einer Visualisierung der Gasströmung im Brennerinneren recherchiert werden. Die Entwicklung neuer Brenner erfolgt hinsichtlich einer guten Gasabdeckung vorwiegend durch das Durchführen von Schweißversuchen und das

Bewerten von Ruß, Schlacke und Spritzern an der Nahtoberfläche oder durch Poren im Schweißgut. Durch dieses Vorgehen werden jedoch nur die Symptome der schlechten Gasabdeckung bewertet. Die Ursachen für die Vermischung von Schutzgas mit Umgebungsluft können nur vermutet werden.

2.3 Beeinflussung von Gasströmung und Gasabdeckung durch die Schweißbrennerverschmutzung

Durch Schweißspritzer und Rauch kommt es in der Fertigung zu Ablagerungen im Schweißbrenner, so dass beispielsweise an der Gasdüse starke Spritzerringe entstehen können [89]. In der Folge werden die vom Brennerhersteller vorgegebenen Oberflächen und Strömungsquerschnitte verändert. Es ist anzunehmen, dass diese Veränderungen die Gasströmung und die resultierende Schutzgasabdeckung beeinträchtigen.

In der Literatur [18][23] und den Lehrunterlagen [30] werden anhaftende Schweißspritzer als grundlegende Ursachen für eine verschlechterte Gasabdeckung genannt, die Aussagen sind jedoch meist sehr allgemein und beziehen sich auf schematische Darstellungen. In Abbildung 2.7 werden verunreinigte Brennerkomponenten als mögliche Ursache für Poren in der Schweißnaht aufgeführt. Es fehlen jedoch Aussagen über die genaue Position und die Stärke der Verunreinigungen. Ein Nachweis dieser Beeinträchtigung oder quantitative Aussagen zur Reduzierung der Gasabdeckung in Abhängigkeit der Brennerverschmutzung konnten nicht recherchiert werden.

In der Praxis wird versucht Schweißspritzer und Ruß bereits vor ihrer Entstehung so gut wie möglich zu vermeiden. Als Ursache für Spritzer und Schweißrauch sind vor allem ungünstige Prozessrandbedingungen und Einstellparameter wie zu hohe Lichtbogenspannung, ungünstige Impulsstromprofile, eine stark stechende Brennerneigung, ein zu hoher CO_2-Anteil im Schutzgas, zu hohe Schweißgeschwindigkeiten oder eine schlechte Schutzgasabdeckung zu nennen [18][19][22][23][30][38][90]. Durch die Nutzung von modernen Inverterschweißstromquellen mit digitaler Steuerung, das Verwenden von energiereduzierten Kurzlichtbogenarten wie coldArc oder CMT sowie den Einsatz des Impulslichtbogens wird der Spritzerauswurf bereits minimiert. Leistungsintensive Sprühlichtbögen werden möglichst kurz eingestellt, so dass ein seitlicher Spritzerauswurf durch den sich eingrabenden Lichtbogen vermieden werden kann [18][19].

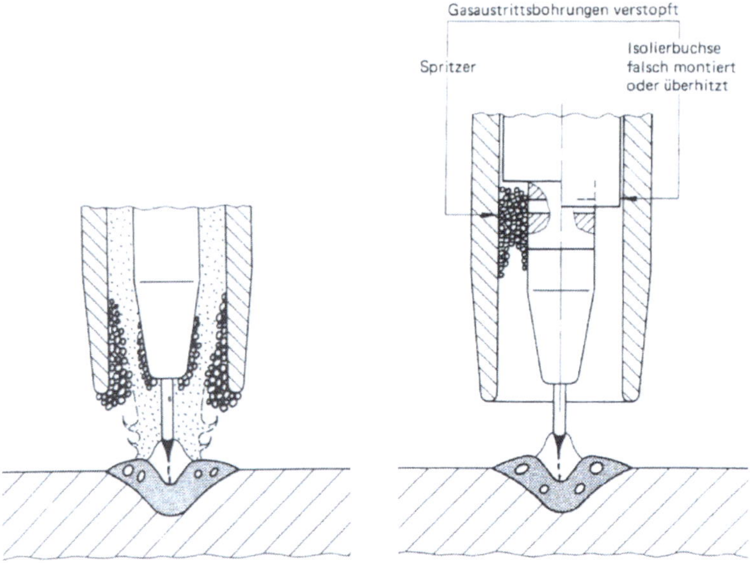

Abbildung 2.7: Verschmutzte Brennerkomponenten als Ursache für Porenbildung [2]

Obwohl die Entstehung von Spritzern und Rauch bereits so gering wie möglich gehalten wird, können diese beispielsweise während des Zündens oder auch durch sporadisch auftretende Prozessstörungen nicht vollständig vermieden werden. Es wird daher versucht, das Anhaften von heißen Spritzern an den Brennerkomponenten zu vermeiden. Dies erfolgt durch Beschichtungen oder durch das Auftragen von Schweißschutzsprays oder -pasten. Beschichtungen von Stromkontaktrohren oder Gasdüsen durch wasserbasierte Polymerschutzlacke (WBC) oder Bor-Stickstoffverbindungen (Bornitrit) sind bis etwa 400 °C temperaturbeständig und weisen neben ihrer spritzerabweisenden Wirkung auch isolierende Eigenschaften auf. Beschichtungen mit Aluminiumoxid haben sogar einen Einsatzbereich bis 1200 °C [91]. Nachteilig ist, dass Beschichtungen durch mechanische Beanspruchung der Verschleißteile, wie beispielsweise beim Reinigen, zerstört werden können und die spritzerabweisende Wirkung in Folge nicht aufrechterhalten werden kann. Bei Schweißschutzsprays oder Pasten wird meist ein in silikonfreiem Öl oder Fett gebundenes, feinkörniges Stein- oder Keramikmehl auf die Verschleißteile aufgebracht [92]. Problematisch ist die in vielen Fällen zu viel oder ungleichmäßig aufgetragene Menge solcher Schutzmittel.

Haben sich Spritzer und Ruß bereits an den Brennerkomponenten abgelagert, sollte eine manuelle oder in vielen Fällen auch automatisierte Reinigung des Brenners erfolgen. Dies erfolgt in der manuellen Durchführung mit speziellen Zangen, anderen mechanischen Hilfsmitteln und durch das Ausblasen mit Druckluft [93]. Für die automatisierte Reinigung von Schweißbrennern werden neben der Reinigung durch Partikelstrahl [94], elektromagnetischen Impuls [95] oder Trockeneis [96] vorwiegend Frässtationen [97] eingesetzt. In Abhängigkeit des eingesetzten Verfahrens ist jedoch zu hinterfragen, ob es gelingt fest anhaftende Verunreinigungen im kompletten Strömungsraum zu lösen, Geometrien und Oberflächen nicht zu beschädigen und abgetragene Verunreinigungen vollständig aus dem Strömungsraum zu entfernen.

Zusammenfassend wird festgestellt, dass die Verschmutzung von Brennerkomponenten bzw. deren Reinigung ein Problem in der Fertigung darstellt, es jedoch unklar ist, ab welchem Verschmutzungsgrad und an welchen Brennerkomponenten die Reinigung erfolgen sollte.

2.4 Charakterisierung von Gasströmung und Schutzgasabdeckung

In der Literatur und in den Lehrunterlagen wird das Schutzgas beim MSG-Schweißen meist schematisch als schattierter Bereich oder als Linienfeld um den Lichtbogen gekennzeichnet [4][18][19][23][30]. Die Strömungseffekte im Lichtbogen und der äußere Schutzgasmantel werden dabei meist getrennt voneinander betrachtet und Wechselwirkungen weitestgehend vernachlässigt. Für die schweißtechnische Praxis wird in vielen Fällen suggeriert, dass es sich bei der Schutzgasströmung um eine Art „Wasserstrahl" handelt, der den Lichtbogen umgibt und das Bauteil benetzt und in Folge einen umfassenden Schutz vor Atmosphärengasen gewährleistet. Komplexe Strömungs- und Diffusionseffekte werden oft vernachlässigt bzw. unzureichend diskutiert. In [18], [23] und [30] wird lediglich auf die zu vermeidende Bildung von Turbulenzen und die damit zusammenhängende resultierende Verunreinigung der Gasabdeckung hingewiesen.

Zschetzsche [16] beschreibt diagnostische Untersuchungen der Gasströmung beim MSG-Schweißen ohne und mit Lichtbogen. Ohne Lichtbogen wird in Analogie zu [98] von einer stationären Staupunktströmung gesprochen, in der ein senkrecht zum Werkstück strömender Freistrahl umgelenkt wird und anschließend nach außen abströmt. Es ist jedoch zu hinterfragen, ob gerade bei Brennern mit breiten Gasdüsen und größeren Gasmengen in jedem Fall eine Staupunktströmung entsteht. Vielmehr ist zu vermuten, dass sich durch die Gasführung in MSG-Brennern ohne Lichtbogen eine Ringströmung mit entsprechenden Wirbelfeldern unter der Stromdüse ausbildet. Es ist zu untersuchen, wie sich derartige Strömungsfelder auf die Qualität der Gasabdeckung im Moment des Zündens auswirken.

Während des Prozesses bestimmt der Lichtbogen das Strömungsfeld. ZSCHETZSCHE [16] spricht davon, dass Kaltgas vom Lichtbogen angesaugt und zur Mittelachse beschleunigt wird. Die schnelle, axiale Strömung im Lichtbogen wird nach MAECKER [99] bereits 1955 auf den dominierenden Einfluss der eigenmagnetischen Kompression (Lorentzkraft) zurückgeführt. SCHNICK [100] spricht auf Grundlage von [101]-[105] von resultierenden Strömungsgeschwindigkeiten in WIG-Lichtbögen von 200 bis 500 m/s. Es sei an dieser Stelle jedoch darauf hingewiesen, dass es sich dabei in Abhängigkeit von Druck- und Dichteverhältnissen im Lichtbogen nicht um eine Überschallströmung handelt. Für einen MSG-Lichtbogen werden von SPILLE-KOHOFF im Rahmen des ChopArc-Projektes [105] Maximalgeschwindigkeiten von 30 m/s (100 A) bis 280 m/s (500 A) berechnet. Unter Berücksichtigung der Metallverdampfung berechnet SCHNICK [114] Strömungsgeschwindigkeiten im Lichtbogenkern von ca. 100 m/s. ZSCHETZSCHE [16] zeigt entgegen der bisherigen Lehrmeinung erstmals, dass die Gasströmung während des Schweißens keineswegs stationär ist, sondern Änderungen im Strom- bzw. Spannungsverlauf folgt und durch Prozessunregelmäßigkeiten stark beeinflusst wird.

2.5 Methoden zur Analyse von Gasströmung und Schutzgasabdeckung

Die große Bedeutung einer hochwertigen Schutzgasabdeckung für eine zufriedenstellende Fügeverbindung ist in der schweißtechnischen Praxis bekannt und wird vielfach in der Literatur hervorgehoben [16]-[19]. Obwohl sowohl numerische als auch experimentelle Methoden der Strömungsanalyse zum Stand der Technik gehören, beschäftigen sich jedoch nur sehr wenige Arbeiten mit der Untersuchung der Schutzgasströmung und -abdeckung an Lichtbogenprozessen. Grund hierfür sind u.a. die hohen Temperaturen und die starke Strahlung des Lichtbogens sowie hohe Strömungsgeschwindigkeiten und das daher erforderliche zeitliche und örtliche Auflösevermögen der eingesetzten Messtechnik [16]. Zudem ist es gerade in den kleinen, verdeckten Strömungsquerschnitten im Brenner fast unmöglich geeignete

Messtechnik zu adaptieren und so die brennerinternen Strömungseigenschaften zu analysieren.

Im Folgenden wird daher ein Überblick über grundlegend geeignete Methoden zur Strömungsanalyse an Lichtbogenprozessen erarbeitet. Aus diesem Überblick wird nachfolgend das Potential für die Nutzung bzw. für eine Anpassung oder Weiterentwicklung der Methoden im Hinblick auf die Zielstellung der Arbeit abgeleitet.

2.5.1 Numerische Simulation

Durch die numerische Simulation können komplexe physikalische Prozesse zeitlich und örtlich hochaufgelöst beschrieben werden. Um dieses Potential für die Schweißprozessentwicklung zu nutzen, wurden in der Vergangenheit unterschiedlich komplexe numerische Modelle eingesetzt [106]. Bisherige MSG-Prozess-Simulationen basieren meist auf Modellen des WIG-Prozesses, die auf Grundlage der Arbeiten von LOWKE, TANAKA und SANSONNENS [104][107][108] aufgebaut sind. Im Mittelpunkt dieser MSG-Modelle steht jedoch nicht die Schutzgasströmung, sondern die Charakterisierung des Lichtbogens [105][109]-[116]. Dabei werden die Lichtbogenströmung, der Tropfenübergang oder die Metallverdampfung berücksichtigt, allerdings werden dabei keine Aussagen über die Schutzgasabdeckung getroffen. Stattdessen wird meist eine idealisierte Argon- oder Helium-Atmosphäre vorausgesetzt. Bereits vorhandene Modelle zur Beschreibung der Schutzgasabdeckung an Lichtbogenschweißprozessen [100][117]-[120] vereinfachen dagegen die Geometrie des Schweißbrenners oder die physikalischen Effekte im Lichtbogen. So verwendet COOPER in [118] ein Modell zur Visualisierung der Schutzgasabdeckung beim MSG-Schweißen, das sowohl die brennerinternen Strömungsräume vernachlässigt als auch den Lichtbogen auf seine thermische Wirkung sowie fest vorgegebene elektromagnetische Kräfte reduziert. SCHNICK stellt dagegen ein geometrisch und physikalisch komplexeres numerisches Modell vor [100][120]. Dieses Modell zeigt das Potential der numerischen Simulation für die Analyse der Schutzgasabdeckung in der Schweißbrennerentwicklung zwar auf, es ist jedoch speziell für die Analyse von Plasmaschweißprozessen ausgelegt und kann daher nicht ohne Anpassung und Weiterentwicklung auf MSG-Prozesse übertragen werden.

2.5.2 Partikelbasierte Messverfahren

Zur Bestimmung von Strömungsfeldern können partikelbasierte Messverfahren eingesetzt werden. Hierbei werden kleine Tracer-Teilchen betrachtet, die der Strömung folgen. Unterschieden werden Punktmessverfahren, wie das Laser-Zwei-Fokusverfahren (L2F) oder die Laser Doppler Anemometrie (LDA) und Grenzfeldmessverfahren wie die Partikel Image Velocimetry (PIV), Particle Tracking Velocimetry (PTV) oder Laser Speckle Velocimetry (LSV) [16][121]-[124]. ZSCHETZSCHE [16][125] stellt die Methoden gegenüber und führt Untersuchungen mit LDA und PIV-Messungen an MSG-Schweißlichtbögen durch. Es wird herausgearbeitet, dass sich die LDA als Punktmessverfahren, im Gegensatz zu PIV als Grenzfeldmethode, nicht zur Analyse der instationären Schutzgasströmung an Schweißprozessen eignet. Die wesentlichen Ergebnisse sind daher auf den Einsatz des PIV-Verfahrens zurückzuführen. Auf Grundlage der von ZSCHETZSCHE durchgeführten Methodenentwicklung wurde die PIV bereits in verschiedenen Bereichen der Schweißtechnik eingesetzt. So beispielsweise zur Optimierung von MSG-Schweißprozessen in der Fahrwerksfertigung [119] oder zur Entwicklung von Plasmaschweißbrennern [120].

Bei der PIV wurden durch ZSCHETZSCHE [16] hoch schmelzende Keramikoxid-Partikel in die Schutzgasströmung des MSG-Prozesses eingebracht und durch einen Doppel-Puls-Laser (532 nm) belichtet. Die belichteten Partikel wurden mit Hilfe zweier CCD-Kameras im Fast-Shutter-Modus (Belichtungszeit 67 ns) aufgenommen. Durch diese kurzen Belichtungszeiten und zusätzliche Interferenzfilter konnte die starke Lichtbogenstrahlung auch im leistungsintensiven Sprühlichtbogen nahezu ausgeblendet werden. Die Belichtung erfolgte mit Hilfe einer speziellen Optik, die das Laserlicht in einer Ebene auffächert. Somit wurden lediglich Partikel belichtet, die sich in dieser Ebene befinden. Die anschließende, statistische Auswertung der beiden Einzelbilder bzw. der Position einzelner Partikelgruppen durch spezielle Auswertealgorithmen ermöglichte erstmals die quantitative Berechnung von Strömungsfeldern und die Bewertung der Schutzgasströmung. Einen entscheidenden Einfluss auf die Abbildung der Gasströmung hat die Partikelgröße. Sind die Partikel zu groß, können sie auf Grund ihrer Trägheit der Strömung nicht ausreichend folgen. Sind die Partikel zu klein, werden sie unzureichend beleuchtet und sind für die Auswertung nicht nutzbar [16][124]. ZSCHETZSCHE verwendet daher Partikel zwischen 5 und 12 µm. Auf Grund der damaligen Anlagentechnik war es allerdings nur möglich, Einzelbilder im einstelligen

Hz-Bereich auszuwerten. Dabei wurde zur Berechnung von Strömungsfeldern der Mittelwert vieler Einzelbilder bestimmt, wodurch die Qualität der Ergebnisse deutlich gesteigert werden konnte. Dynamische und instationäre Strömungsmuster konnten auf diese Weise jedoch nicht untersucht werden.

Hier ist auf neue Möglichkeiten durch verbesserte Kameratechnik und leistungsfähige Beleuchtungslaser hinzuweisen. Für die Belichtung der Partikel sollten zudem Wellenlängen genutzt werden, die außerhalb der starken Lichtbogenstrahlung liegen, so dass die extrem kurzen Belichtungszeiten (67 ns) wieder etwas erhöht und Beleuchtungsintensitäten in Folge reduziert werden können.

2.5.3 Rauchfadenmethode

Um Gasströmungen zu visualisieren, kann der Strömung neben definierten Feststoffpartikeln auch ein Nebelfluid oder Rauch zugemischt werden. In der Schweißtechnik wurde diese Methode von EBERT [126] verwendet um die Schutzgas- bzw. die Absaugströmung von MSG-Absaugbrennern durch Glycoldampf zu visualisieren. HOLZINGER [76] verwendet die Methode zur Visualisierung der Gasströmung an MSG-Brennern durch eine $TiCl_4$-Hydrolyse. Die jeweiligen Aufnahmen wurden ohne Lichtbogen durchgeführt. Durch Anwendung des Verfahrens kann beispielsweise überprüft werden, ob Brennersysteme Leckagen und damit potentielle Verunreinigungsquellen aufweisen oder in wie weit das Austreten von Gas gleichmäßig über den Gasdüsenquerschnitt erfolgt. Zudem können eingeschränkte Aussagen zu Turbulenzen oder zu Geschwindigkeitsprofilen getroffen werden. Bei der Visualisierung von Stauströmungen über dem Werkstück wird die Gasdüse teilweise durch den Nebel verdeckt. Weiterhin ist anzumerken, dass durch die Zumischung des z.T. heißen Rauches die ursprünglichen Eigenschaften des Schutzgases beeinflusst werden. Auf diese Weise verändern sich auch Ablösungen am Werkstück und Auftriebseffekte. Aufnahmen mit Lichtbogen sind auf Grund der fehlenden Schutzgasatmosphäre nicht möglich. Untersuchungen zur Eignung von Rauch an Gasdüsen mit porösen Werkstoffen (z.B. WIG-Gaslinsen) konnten in der Literatur nicht recherchiert werden.

Es ist grundlegend zu überprüfen, ob die Technik der PIV (Laser-Lichtschnitt, softwaregestützte Auswertung von Partikelgruppen) auch an Rauchgasströmungen umgesetzt werden kann. Zu bevorzugen ist Rauch ohne gesundheitsschädliche Wirkung, wie diese z.B. durch die ätzende Wirkung von $TiCl_4$ bekannt ist.

2.5.4 Laserinduzierte Fluoreszenz (LIF)

Die LIF ist eine leistungsstarke Methode, um Gas- oder Flüssigkeitsströmungen hinsichtlich ihrer Konzentrationen, Dichte, Temperatur oder Geschwindigkeiten quantitativ zu untersuchen. Durch einen Laserlichtschnitt werden LIF-aktive Moleküle in der Strömung zur Fluoreszenz angeregt. Die Wellenlänge des Lasers ist dabei auf einen Übergang des LIF-aktiven Moleküls in einen höheren Energiezustand abgestimmt. Ein Teil dieser Moleküle emittiert Licht, welches von einer Kamera aufgenommen und ähnlich zu PIV ausgewertet wird. Strömungen, die sich selbst nicht für LIF eignen (z.B. N_2, Ar), können mit Tracer-Molekülen (z.B. He, C_3H_8) versetzt werden. [127][128]

Anwendungen der LIF für Untersuchungen an Gasströmungen in der Schweißtechnik konnten nicht recherchiert werden. Um Konzentrationen eingewirbelter Luft im Schutzgasfreistrahl zu quantifizieren, ist es jedoch grundlegend möglich die Methode am MSG-Schweißprozess anzuwenden. Hierfür müssen LIF-aktive Moleküle im Schutzgas vorhanden sein. Dies kann beispielsweise durch die Verwendung von Helium oder von Argon mit 20% Propan realisiert werden. [129]

2.5.5 Schlierentechnik

Die Schlierentechnik ist für die Visualisierung von Freistrahlströmungen an Gasdüsen [131], Plasmafreistrahlen [132] oder Strömungen in der Fahrzeugaerodynamik, der Ballistik oder der Lüftungstechnik etabliert [130]. Auch im Bereich der Schneidtechnologien wird sie häufig angewendet, u. A. zur Strömungsvisualisierung beim Brenn- [133] und Plasmaschneiden [134][135]. In [76] wird die Schlierentechnik eingesetzt, um Turbulenzen an verschiedenen MSG-Schweißbrennern in Abhängigkeit der Gasmenge zu bewerten. Diese Untersuchungen erfolgten jedoch an Freistrahlströmungen ohne Prozess. Hinsichtlich der Analyse von Lichtbogenschweißprozessen mit Lichtbogen sind aus der Literatur nur wenige Arbeiten (z.T. auch Schattenbildverfahren) bekannt [136]-[140]. Bisher begrenzte die hohe Strahlungsemission, besonders die des MSG-Lichtbogens, den Kontrast und das Aussagevermögen der Schlierenbilder. Auch in der Arbeit von HÄßLER [140] wurden daher nur Schlierenaufnahmen an WIG-Lichtbögen realisiert. Schlierenaufnahmen der Schutzgasströmung an MSG-Prozessen konnten nicht recherchiert werden.

Der kompakte und in der Dimensionierung flexible Aufbau sowie das den Prozess nicht beeinflussende Messverfahren ermöglichen den Einsatz der Schlierentechnik in fast jeder Fertigung. Es ist jedoch zu beachten, dass Rückschlüsse auf die exakte Position einer turbulenten Strömungsstruktur nur sehr eingeschränkt getroffen werden können, da es sich im Gegensatz zu PIV um ein Durchlichtverfahren handelt.

Es ist zu überprüfen ob die Schlierentechnik durch die Nutzung von strahlungsselektiven Beleuchtungsquellen und darauf abgestimmter Filtertechnik auch für die Analyse von strahlungsintensiven MSG-Prozessen mit hohen Stromstärken eingesetzt werden kann.

2.5.6 Interferometrie

Neben dem Schattenbild- bzw. dem Schlierenverfahren ist auch die Interferometrie geeignet um Dichteunterschiede in Gasströmungen sichtbar zu machen [141]. HOLZINGER [76] nutzt zur Visualisierung von Schutzgasströmungen an MSG-Brennern ein Mach-Zehnder-Interferometer. Dabei wird ein Laserstrahl durch eine Strahlteilerplatte in zwei Teilstrahle aufgeteilt. Der erste Strahl wird durch die Messstrecke geleitet, während ein zweiter Strahl vorbei geführt wird. Beide Strahlen werden im Anschluss zusammengeführt. Sind in der Messstrecke Dichtegradienten vorhanden wird der Laserstrahl gebrochen. Dies führt nach der Zusammenführung der Teilstrahlen zu Interferenzen mit dem unbeeinflussten Strahl und wird im Bild durch Verschiebungen im Interferenzmuster visualisiert. In den von HOLZINGER durchgeführten Untersuchungen wurden sowohl Freistrahlströmungen zwischen Gasdüse und Werkstück als auch brennerinterne Strömungsstrukturen durch die Verwendung von Brennerkomponenten aus Plexiglas sichtbar gemacht. Die Untersuchungen wurden ohne Lichtbogen durchgeführt.

2.5.7 Thermische Anemometrie

Die Thermische Anemometrie ist ein Sonden-Messverfahren, um den Geschwindigkeitsvektor und den Turbulenzgrad in 1-, 2- und 3-dimensionalen Strömungsfeldern zu bestimmen. Grundprinzip der Methode ist die Ermittlung des Wärmeverlustes durch das an einem beheizten Draht oder Film vorbeiströmende Gas. Der elektrische Widerstand des Drahtes oder des Films ändert sich mit der Temperatur, so dass aus den elektrischen Größen auf die Strömungsgeschwindigkeit geschlossen werden kann. Die Methode eignet sich für Anwendungen im Windkanal, beispielsweise für die Erprobung der Aerodynamik von Fahrzeugen oder der Strömung um Gebäude. Weiterhin können zeitliche Änderungen der Geschwindigkeit sowie der Turbulenzgrad einer Strömung sehr gut bestimmt werden. Nachteile ergeben sich bei der Messung hoher Strömungsgeschwindigkeiten oder bei zu hohen Umgebungstemperaturen.

Zur Beschreibung von instationären Strömungsfeldern, wie beim MSG-Schweißen, sind keine Anwendungen bekannt. Ohnehin würden auf Grundlage der Bauweise und des Messprinzips lediglich Messungen im Schutzgasfreistrahl ohne Lichtbogen möglich sein. [142][143]

2.5.8 Messung der Sauerstoffkonzentration

Neben den Methoden der Strömungsvisualisierung kann mit Hilfe der Sauerstoffmessung unter Nutzung des Lambda-Sonden-Verfahrens der Verunreinigungsgrad des Schutzgases gemessen werden. Hierzu wird der Lichtbogen über eine wassergekühlte Kupferplatte geführt, in der sich eine Messbohrung befindet. Die Analyse des extrahierten Massestroms erfolgt durch eine spezielle Lambda-Sonde, die auch Messungen im einstelligen ppm-Bereich ermöglicht.

In [144] wurde diese Methode von FUENTES-MUÑOZ für die Untersuchung von WIG-Brennern verwendet. Durch das Messprinzip können jedoch keine Prozesse mit abschmelzender Elektrode untersucht werden. Hierfür ist eine Anpassung der Brenner notwendig.

2.5.9 Zusammenfassung und Ableiten von Entwicklungspotential

In Tabelle 2.2 wird die Anwendung der beschriebenen Analysemethoden in bisherigen Untersuchungen zusammengefasst und das abgeleitete Entwicklungspotential gekennzeichnet.

Großes Entwicklungspotential besteht vor allem auf dem Gebiet der Numerischen Simulation. Dies betrifft sowohl die Integration der brennerinternen Strömungsgeometrien als auch die Abbildung wesentlicher Wechselwirkungen zwischen MSG-Schweißprozess, Gasströmung und Schutzgasabdeckung.

Durch den Einsatz verbesserter Laser- und Kameratechnik sowie die Berücksichtigung des Lichtbogens als selektiven Strahler und den damit verbundenen Einsatz von Filtertechnik, besteht zudem großes Potential sowohl die PIV als auch die

Schlierentechnik an die hohen Anforderungen bei der Untersuchung von Strömungen an MSG-Schweißprozessen anzupassen und weiterzuentwickeln.

Grundlegendes Potential für die Untersuchung der Strömungen an Lichtbogenschweißprozessen wird auch der LIF zugesprochen. Hierbei ist jedoch zu berücksichtigen, dass bisher keine Erfahrungen bei der Analyse von Lichtbogenströmungen vorliegen und ein speziell auf die verwendeten Medien abgestimmter Beleuchtungslaser erforderlich ist.

Die Rauchfadenmethode, das Interferenzverfahren und die Thermische Anemometrie werden auf Grund ihrer Restriktionen und der Vorteile der anderen Methoden als nicht zielführend für die Untersuchungen im Rahmen der vorliegenden Arbeit bewertet.

Tabelle 2.2: Literaturüberblick zu den Methoden der Strömungsanalyse und Bewertung des aktuellen Entwicklungspotentials für die Untersuchung von Gasströmung und Schutzgasabdeckung an MSG-Schweißprozessen

		Untersuchungen aus dem Stand der Technik					
Methode		**Strömung im Schweißbrenner**	**Strömungseigenschaften im Schutzgasfreistrahl unter der Gasdüse**	**äußere Strömungseigenschaften (Wirbel, Auftriebseffekte, Absaugströmungen)**	**zeitbestimmte Analyse von nicht regelmäßigem Strömungsverhalten**	**Quantifizierung von Strömungsgeschwindigkeiten**	**Quantifizierung der Schutzgasabdeckung**
Simulation		*[100]*	*[100]***[105] [114][115]** *[117]***[118] [119]***[120]* **[120]**	*[100]* **[105]***[117]* **[118]***[120]*	*[100]*	**[105][114] [115]**	[100]*[100]* *[120]***[120]**
partikel-basierte Verfahren	**Punkt** (L2F,LDA)		[16] *[16]*			[16]*[16]*	
	Grenzfeld (PIV, PTV, LSV)		[16]*[16]* **[16][119] [120]**	[16]*[16]* **[16][120]**		[16]*[16]* **[16]**	
Rauchfadenmethode			[76][126]	[126]			
LIF							
Schlierentechnik			[131][132] *[134][135]* [137]*[137]* **[138]**[139] [140]*[140]*	*[134]*[137] *[137]*[140] *[140]*	[140] *[140]*		
Intefrenzverfahren		[76]	[76]				
Thermische Anemometrie							
Sauerstoffmessung							[144] *[144]*

kein bzw. geringes Entwicklungspotential | mittleres Entwicklungspotential | großes Entwicklungspotential

Kennzeichnung der Literaturverweise: Plasmafreistrahl bzw. Freistrahl ohne Lichtbogen

mit Schweiß- oder Schneidlichtbogen (Plasma/WIG)

mit Schweißlichtbogen (MSG)

3 Präzisierung der Vorgehensweise

Ausgehend von der Zielstellung, dem methodischen Ansatz und den Recherchen zum Stand der Technik wird die Vorgehensweise für diese Arbeit präzisiert. Die in Kapitel 1.2 definierten Schwerpunkte werden weiter verfolgt und nachfolgend untergliedert.

Der erste Arbeitsschwerpunkt betrifft die Auswahl und die Qualifizierung von Methoden zur Visualisierung und Analyse von Schutzgasströmungen an Schweißprozessen. Auf Grundlage der in Kapitel 2.5 durchgeführten Recherchen zu Aussagevermögen und Restriktionen verschiedener Methoden werden für die Untersuchungen im Rahmen dieser Arbeit die Numerische Simulation, die PIV, die Schlierentechnik sowie die Sauerstoffmessung ausgewählt. Diese Methoden sollen hinsichtlich der Visualisierung und Analyse der Gasströmung an MSG-Prozessen weiterentwickelt und angewendet werden.

Hinsichtlich der numerischen Simulation ist es notwendig ein Modell zu entwickeln, welches, im Gegensatz zum bisherigen Stand der Technik, die Qualität der Schutzgasabdeckung unter Berücksichtigung von Diffusionseffekten, der Beeinflussung der Strömung durch den Lichtbogen, der Bildung von Metalldampf und der komplexen Strömungsgeometrie im MSG-Schweißbrenner beschreibt. Im Rahmen der Arbeit sollen Anforderungen an das numerische Modell und das Rechennetz bestimmt sowie Turbulenzmodelle und Randbedingungen für den Einsatz der Simulation zur Analyse von MSG-Schutzgasströmungen erprobt werden.

Zur messtechnischen Bestimmung lokaler Strömungsgeschwindigkeiten und Wirbelformationen soll die PIV angewendet werden. Die Methode muss für die Analyse von zeitbestimmten, nicht regelmäßigen Effekten während des MSG-Schweißens weiterentwickelt werden. Hierfür werden neue Beleuchtungsmöglichkeiten und die Hochgeschwindigkeitskinematographie in das Setup implementiert und erprobt.

Mit Hilfe der Schlierentechnik sollen vor allem Turbulenzen im Schutzgasfreistrahl visualisiert werden. Da Aufnahmen zur Beurteilung der Turbulenz im Schutzgas während des MSG-Prozesses auf Grund der hohen Eigenstrahlung des MSG-Lichtbogens bisher nicht möglich waren, wird der Ansatz verfolgt, durch intensive und strahlungsselektive Beleuchtung sowie geeignete Filtertechnik die starke Lichtbogenstrahlung auszublenden.

Zur quantitativen Bestimmung der Schutzgasverunreinigung soll die Sauerstoffmessung sowohl ohne als auch mit Lichtbogen eingesetzt werden. Die Methode ist für die Anwendung an MSG-Brennern mit Lichtbogen weiterzuentwickeln. Hierfür soll die abschmelzende Elektrode durch einen Wolframstift ersetzt werden. Durch diese Anpassung wird der eigentliche MSG-Prozess stark abstrahiert, die grundlegenden Einflüsse des Lichtbogens (Lorentzkraft, thermische Wirkung) können aber abgebildet werden. Die Messergebnisse werden hinsichtlich ihrer Streuung bzw. Reproduzierbarkeit bewertet.

Die ausgewählten Methoden sind durch spezifische Vorteile und Restriktionen gekennzeichnet und müssen daher im Hinblick auf eine effektive und zielgerichtete Brenner- und Verfahrensentwicklung in geeigneter Weise kombiniert werden. Eine Systematik für diese Methodenkombination fehlt jedoch bisher. Ein Teilziel dieser Arbeit ist es daher, einen Methodenbaukasten als Werkzeug für die adäquate Beschreibung von Schutzgasströmung und Schutzgasabdeckung in der MSG-Brenner- und Verfahrensentwicklung zu entwickeln. Durch diesen Methodenbaukasten sollen insbesondere die Ergebnisse der Einzelmethoden abgesichert und das Wissen über die strömungstechnischen Effekte vervielfacht werden.

Der zweite Arbeitsschwerpunkt betrifft die Anwendung des Methodenbaukastens um die Mechanismen von Schutzgasströmung und Schutzgasabdeckung systematisch zu analysieren und zu charakterisieren. Dies betrifft die brennerinterne Prozessgasführung, die Interaktion von Prozess und Schutzgasfreistrahl sowie die fertigungsbedingte Beeinflussung der Gasabdeckung.

Hinsichtlich der brennerinternen Prozessgasführung soll zum einen die experimentelle Bewertung und der Vergleich verschiedener Strömungsgeometrien vorgenommen werden. Hierfür werden verschiedene kommerzielle Brennertypen ausgewählt und durch die Schlierentechnik und die Sauerstoffmessung analysiert. Die Kriterien für die Auswahl der Brenner sind Merkmale des Einsatzgebietes (Hand- / Roboterbrenner), der Kühlung (gas- / wassergekühlt), der Gasverteilung (Bohrungsanzahl im Gasverteiler), des Gasdüsendurchmessers und der Gasdüsenpositionen (Kontaktrohrrückstand). Zum anderen erfolgt die simulationsgestützte Analyse der Gasverteilung in einem MSG-Schweißbrenner. Auf Grundlage dieser Untersuchungen werden neue Erkenntnisse zu den Strömungseffekten im Brenner und Empfehlungen für die Brennerkonstruktion abgeleitet.

Die Interaktion von Prozess und Schutzgasfreistrahl wird vorwiegend numerisch untersucht. Durch die Simulation soll die grundlegende Strömungscharakteristik im kalten Schutzgasfreistrahl und deren Beeinflussung durch den Lichtbogen visualisiert sowie Abhängigkeiten vom Brennerdesign und Prozessparametern aufgezeigt werden. Die Untersuchungen werden mit verschiedenen Stromstärken und Stromarten (Impulsschweißen) durchgeführt. Es soll herausgearbeitet werden, in welcher Weise der Lichtbogen angeströmt werden sollte, so dass in der Folge eine möglichst hochwertige Gasabdeckung resultiert. Hierfür werden z.B. im Modell gradierte Strömungsprofile vorgegeben. Diese Untersuchungen werden durch Variationen der Schutzgasdüsenform fortgeführt und ein Zusammenhang zwischen Schutzgasdüsenform und Lichtbogenanströmung hergestellt. Weiterhin wird der Einfluss von zurückstehenden Gasdüsen oder einer Variation der Schutzgasdüsentemperatur auf die Strömungsverhältnisse am Werkstück und die resultierende Schutzgasabdeckung betrachtet.

Die fertigungsbedingte Beeinflussung der Gasabdeckung wird in der Praxis vorwiegend durch die Brennerpositionierung (Abstand, Neigung), die Schweißgeschwindigkeit, den Einfluss von Zugluft oder Rauchgasabsaugung sowie durch die Brennerverschmutzungen bestimmt. Die Einflüsse der Brennerpositionierung sowie der Schweißgeschwindigkeit sollen durch die Simulation analysiert werden. Zur Bewertung des Einflusses von Brennerverschmutzungen auf die Qualität von Schutzgasströmung und abdeckung werden unter realen Fertigungsbedingungen verschmutzte MSG-Schweißbrenner durch die Anwendung der Schlierentechnik, der Sauerstoffmessung und durch Schweißversuche untersucht. Um die im Ergebnis festgestellten Auswirkungen der Brennerverschmutzung auf ihre Ursachen zurückzuführen, sollen im Labor definierte Verschmutzungen an Brennerkomponenten aufgebracht werden. Hierzu werden lokal begrenzte Verschmutzungsbereiche an einem MSG-Schweiß-brenner definiert.

Die aus dem Stand der Technik bekannten Empfehlungen hinsichtlich der Gasmenge, der richtigen Brennerdimensionierung, der Brennerposition oder den Schweißparametern werden auf ihre Ursachen zurückgeführt und das Verständnis über die Schutzgasströmung und die resultierende Gasabdeckung beim MSG-Schweißen erhöht.

4 Anpassung und Weiterentwicklung von Methoden

4.1 Diagnostische Methoden der Strömungsanalyse

4.1.1 Particle Image Velocimetry (PIV)

Ausgehend vom bisherigen Versuchsaufbau von Zschetzsche [16][125] wurde im Rahmen der Arbeit die PIV-Methode weiterentwickelt. Da die Regelung von Schweißprozessen, die Abfolge einzelner Prozessphasen und damit auch die Beeinflussung der zu analysierenden Schutzgasströmung beim MSG-Schweißen innerhalb weniger Mikrosekunden erfolgen, ist die Analyse von zeitbestimmten Effekten durch kontinuierliche, örtlich und zeitlich hochaufgelöste Aufnahmen Zielstellung der Weiterentwicklung. Hierzu wurden ein gepulster Beleuchtungslaser (Cavilux 500HF, 807±1 nm) und eine Hochgeschwindigkeitskamera (Photron SA4) mit Bildraten von bis zu 1.000.000 fps in das Messsystem integriert.

In den Messreihen wurde mit einer Bildrate von 5.000 fps und einer Belichtungszeit von 5,6 µs sowie einer Bildgröße von 768 x 512 Pixel gearbeitet. Kamera und Laser sind so aufeinander abgestimmt, dass während jeder Belichtungszeit der Kamera genau ein Laserimpuls von 4 µs Pulszeit und einer Pulsenergie von 2 mJ ausgelöst wird. Um die Beleuchtung der Partikel nur durch den Laser zu realisieren und die Strahlung des Lichtbogens auszublenden, wurde ein Schmalbandfilter von 808 ±3,1 nm verwendet. Entscheidend für die qualitativ hochwertige Beleuchtung der Partikel ohne Überblendungen ist dabei dieses Verhältnis von Belichtungszeit, Pulsdauer, Intensität und den spektralselektiven Eigenschaften der eingesetzten Filtertechnik sowie die Qualität des Lichtschnittes, welcher durch die Lichtschnittoptik in einem Bereich von 0,5 x 40 mm aufgespannt wurde. Nur optimal beleuchtete Partikelgruppen sind durch die Korrelationssoftware auswertbar und können zur Berechnung von Strömungsfeldern genutzt werden.

Für die Berechnung der Strömungsfelder aus den Einzelbildern der HG-Kamera ist neben der von der Firma DANTEC® angebotenen Software FlowManager 4.7 auch eine auf MATLAB und LabVIEW basierende Auswertesoftware entwickelt worden, die neben einer definierten Skalierung der Strömungsvektoren auch eine farbliche

Geschwindigkeitsanalyse ermöglicht. In drei Verfeinerungsschritten wird dabei der Bereich der Partikelkorrelation von 64 x 64 Pixel auf 16 x 16 Pixel reduziert.

Die grundlegende Weiterentwicklung, d.h. die Kombination von Beleuchtungslaser und Kamera sowie die Erarbeitung der auf MATLAB und LabVIEW basierenden Auswertesoftware wurde erstmals durch ROSE realisiert [145]. Im Rahmen dieser Arbeit wurde die Versuchsanordnung erprobt, geeignete Beleuchtungs- und Aufnahmeparameter herausgearbeitet, verschiedene Lichtschnittoptiken erprobt und die Pulverzuführung weiterentwickelt. Der schematische Versuchsaufbau ist in Abbildung 4.1 und das experimentelle Setup in Abbildung 4.2 dargestellt.

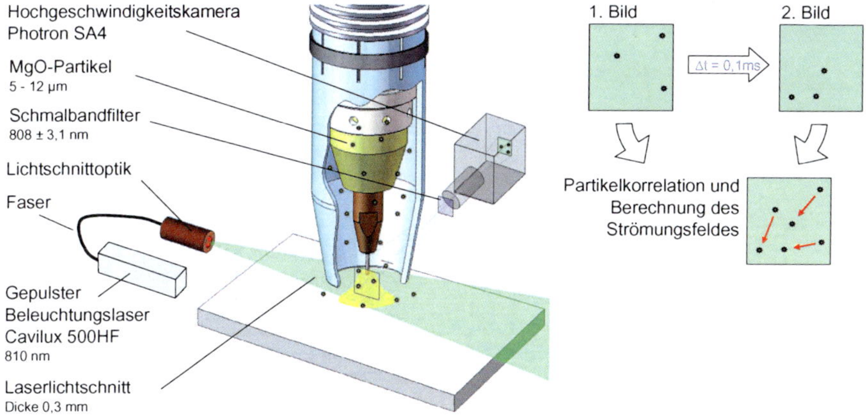

Abbildung 4.1: Prinzip und Datenverarbeitung der Particle Image Velocimetry (PIV)

Dabei wird der Schweißbrenner durch einen Roboter geführt, so dass er nach dem Schweißzyklus aus der Schweißposition in eine Reinigungsposition fährt. Die Reinigung erfolgte nach jedem Schweißzyklus mechanisch durch Entfernen und Reinigen von Gasdüse, Stromkontaktrohr, Düsenstock und Gasverteiler sowie durch Ausblasen mit Druckluft. So wurde sichergestellt, dass Strömungsquerschnitte vor Beginn der Messung nicht durch Pulverrückstände beeinträchtigt wurden. Während des Schweißens wird der Brenner nicht bewegt. Die Vorschubgeschwindigkeit wird durch die Bewegung des Werkstücks realisiert, so dass die Kameraposition und damit der Bildausschnitt immer konstant gehalten werden kann. Durch eine spezielle Mischvorrichtung erfolgt die kontinuierliche Zugabe von Partikeln in den Schutzgasvolumenstrom. Aufbauend auf den Untersuchungen von ZSCHETZSCHE wurden Magnesiumoxidpartikel mit Partikelgrößen von 5-12 µm, einer Schmelztemperatur von 2800 °C, einer Siedetemperatur von 3600 °C (bei 1.000 hPa) und einer Dichte von 3,58 g/cm³ (bei 25 °C) verwendet.

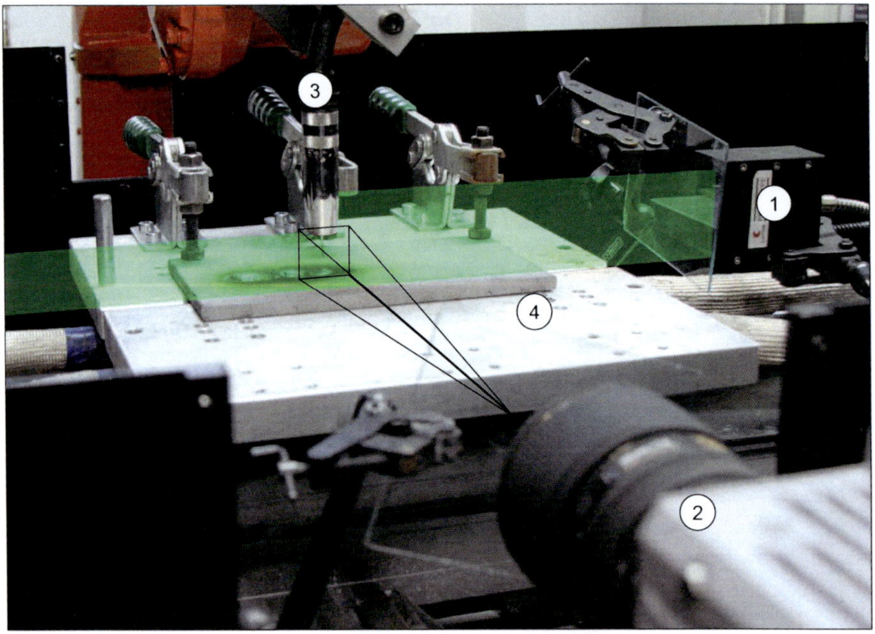

(1) Lichtschnittoptik des gepulsten Diodenlasers
(3) Robotergeführter Schweißbrenner
(2) Hochgeschwindigkeitskamera Photron SA4
(4) Linear bewegtes Werkstück

Abbildung 4.2: Versuchsaufbau der Particle Image Velocimetry (PIV)

Im Rahmen der vorliegenden Untersuchungen wurde die PIV vor allem angewendet, um Strömungsgeschwindigkeiten und Wirbelformationen zu analysieren und diese mit den Ergebnissen der Simulation zu vergleichen. In Abbildung 4.3 ist beispielhaft die Dynamik der Gasströmung am Beispiel des MAG-Impulsschweißens dargestellt.

Durch die PIV-Technik wurde das Ansaugen von Gas am Draht in den Lichtbogen zu Beginn der Hochstromphase visualisiert. Es wurde gezeigt, dass die Strömungsgeschwindigkeiten unter der Gasdüse nicht rotationssymmetrisch ausgebildet sind, sondern dass das Schutzgas bei diesem Brenner auf der einen Seite deutlich schneller strömt als auf der anderen Seite. Es wurden Wirbelfelder nachgewiesen und in ihrer

Geschwindigkeit quantifiziert, die während des Stromanstieges entstehen und im Anschluss nach außen transportiert werden.

Die Kombination der PIV mit synchronisierten Messsignalen im MHz-Bereich ermöglicht die zeitlich und örtlich hoch aufgelöste Visualisierung und Quantifizierung des Strömungsfeldes im Schutzgasfreistrahl und der Lichtbogenumgebung. Durch die Weiterentwicklung der PIV konnte mit dieser Technik erstmals die Beeinflussung der Schutzgasströmung durch nicht regelmäßige Effekte, wie z.B. Prozessstörungen untersucht werden. Die Visualisierung von Turbulenzen wird durch die Trägheit bzw. das Folgevermögen der Partikel begrenzt. Aufgrund der einzuhaltenden Laserschutzmaßnahmen (Laserklasse 4) ist die Anwendung der PIV nur eingeschränkt zur Prozessanalyse in der realen Schweißfertigung einsetzbar.

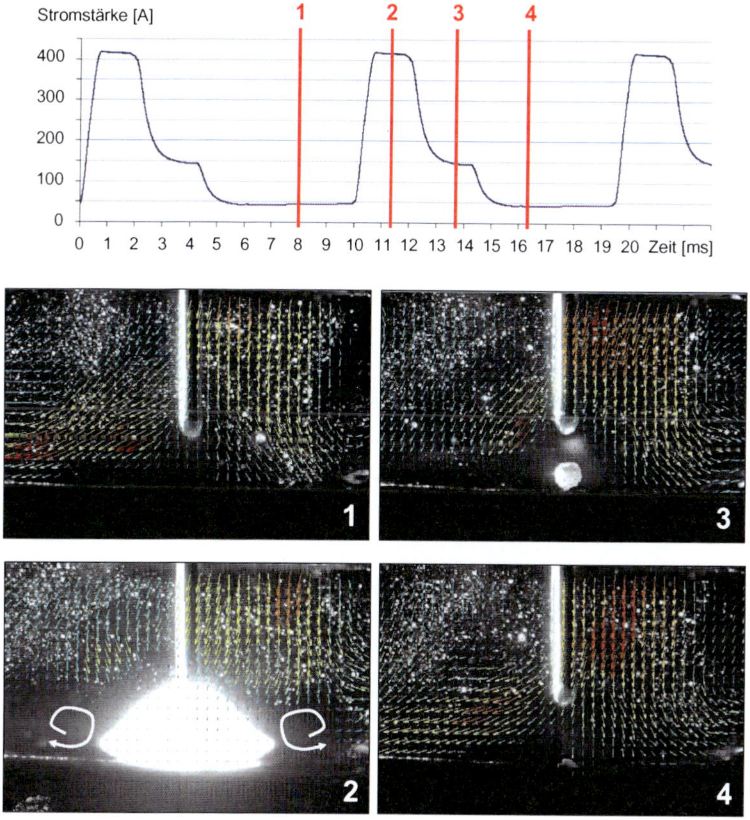

Abbildung 4.3: Analyse verschiedener Pulsphasen beim MSG Schweißen [146]

4.1.2 Schlierentechnik

Die Anwendbarkeit der Schlierentechnik zur Analyse von Gasströmungen an strahlungsemittierenden Prozessen, wie z.B. dem Lichtbogenschweißen, war bisher nur sehr eingeschränkt möglich. Die hohe Strahlung des Lichtbogens überblendet die für die Auswertung nötigen Schlieren, so dass eine qualitativ hochwertige Beurteilung des Strömungsverhaltens bisher gerade bei strahlungsintensiven MSG-Prozessen nicht möglich war. Ziel der Weiterentwicklung ist daher das Realisieren von Schlierenaufnahmen während des strahlungsintensiven MSG-Schweißprozesses ohne störende Lichtbogenüberblendungen. Im Rahmen der vorliegenden Arbeit wurde die Schlierenmethode im Hinblick auf die Anforderungen von MSG-Lichtbogenprozessen grundlegend untersucht und weiterentwickelt.

Verwendet wird ein kompakter Aufbau in der Töpplerschen Z-Anordnung, vgl. Abbildung 4.4. Zwischen zwei Parabolspiegeln wird ein paralleler Strahlengang erzeugt und durch eine Schlierenblende geführt. Auf Grund der Brechung von Lichtstrahlen an Dichtegradienten werden die Strahlen abgelenkt und führen nicht mehr durch den Brennpunkt des Spiegels bzw. werden von der Schlierenblende blockiert. In der Folge ergeben sich Helligkeitsunterschiede im Bild, die das Strömungsverhalten visualisieren. Die Ursachen für einen geänderten Brechungsindex sind Dichteunterschiede in transparenten Medien, z.B. durch kompressible Wirbel, unterschiedliche chemische Zusammensetzung oder Temperaturunterschiede.

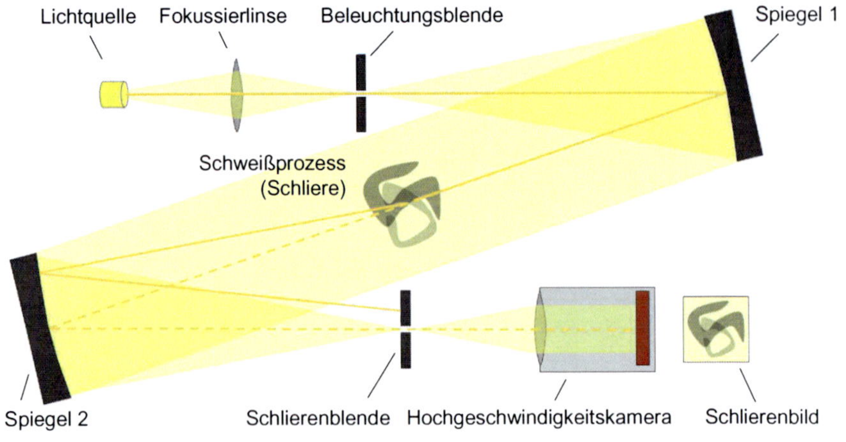

Abbildung 4.4: Prinzip Schlierentechnik in Töpplerscher Z-Anordnung

Die verwendeten Hohlspiegel haben eine Brennweite von 1600 mm und einen Abstand von ca. 3 m zueinander, welcher aber flexibel eingestellt werden kann. In den Untersuchungen wurde deutlich, dass auf die Fokussierung der Beleuchtungsquelle durch Fokussierlinse und Beleuchtungsblende verzichtet werden kann, so dass die Beleuchtungsquelle genau in den Brennpunkt des ersten Hohlspiegels gesetzt wird. Diese Anpassung wird ermöglicht, indem an der Kamera ein Objektiv mit einer Brennweite von 360 mm verwendet und auf den Schweißprozess scharf gestellt wird. Der Schweißprozess wird mittig zwischen den beiden Hohlspiegeln im parallelisierten Strahlengang ausgeführt. Der Lichtbogen brennt auf einem bewegten Werkstück, so dass die Brennerposition immer unverändert bleibt. Die Vorschubgeschwindigkeit kann durch eine drehbar gelagerte Linearachse in beliebigen Winkeln zum Strahlengang eingestellt werden.

Für die Untersuchung von Strömungen ohne Lichtbogen wurde eine LED mit einer Leistung von 12 W eingesetzt. Um Überblendungen beim realen MSG-Schweißen zu vermeiden, wurden zwei Ansätze verfolgt:

Zum einen wird mit einer hohen Intensität der Beleuchtung gearbeitet, so dass die Belichtungszeit der Kamera (Photron SA4) reduziert werden kann. In den durchgeführten Untersuchungen wurde dabei je nach Prozess mit Bildraten zwischen 3.000 und 10.000 fps und Belichtungszeiten von 2 bis 80 µs gearbeitet. Das Verhältnis von Beleuchtungsintensität und Strahlung des Prozesses wird somit erhöht und Überblendungen im Bild reduziert.

Zum anderen werden für die Beleuchtung Wellenlängen verwendet, die sich von der Strahlung des Prozesses abgrenzen. Die starke Strahlung des MSG-Lichtbogens wird durch die Strahlung des Metalldampfkerns dominiert. Die emittierten Wellenlängen des ionisierten Eisendampfes beim MAG-Schweißen von Stahl sind kleiner als 650 nm [147]. Es wird geschlussfolgert, dass die Beleuchtung des Prozesses daher außerhalb dieses Metalldampfspektrums erfolgen muss. Bei 750 nm sind beispielsweise starke Argonlinien zu finden [105]. Für die Beleuchtung von MSG-Prozessen wird daher ein Argon-WIG-Lichtbogen mit einem Bandfilter von 750 ± 10 nm verwendet. Dieser Beleuchtungslichtbogen wird auf einer wassergekühlten Kupferplatte gezündet. Die zur Beleuchtung verwendeten Stromstärken liegen zwischen 150 und 400 A.

In Abbildung 4.5 (experimentelles Setup) sind beide Lichtquellen (Lichtbogen und LED) hintereinander angeordnet. Je nach Beleuchtungsanforderung wird die jeweils bevorzugte Lichtquelle in den Brennpunkt des ersten Spiegels gesetzt. Durch diesen

Versuchsaufbau ist es möglich, die starke Strahlung des Lichtbogens auch beim MSG-Schweißen nahezu auszublenden. Dadurch wurden erstmals hochqualitative Aufnahmen an realen MSG-Schweißprozessen im Kurz-, Sprüh- und Impulslichtbogenbereich durchgeführt.

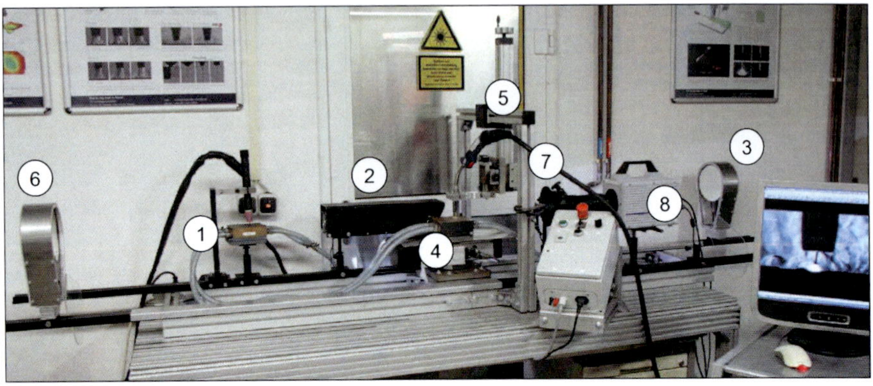

(1) Beleuchtung durch einen WIG-Lichtbogen
(2) Beleuchtung durch eine LED
(3) Spiegel 1
(4) Drehbare Linearachse und Werkstückaufnahme
(5) Höhenverstellbare Brenneraufnahme
(6) Spiegel 2
(7) Filteraufnahme und Schlierenblende
(8) Hochgeschwindigkeitskamera

Abbildung 4.5: Versuchsaufbau Schlierentechnik

Im Rahmen der vorliegenden Arbeit wurde die Schlierentechnik vor allem zur qualitativen Bewertung von Turbulenzen in Abhängigkeit der Brennergeometrie oder der Brennerverschmutzung eingesetzt. Zudem wurden äußere Strömungen, z.B. in Folge von Zugluft, visualisiert. In Abbildung 4.6, oben links, werden Turbulenzen in der Freistrahlströmung visualisiert. Es ist möglich, die Einflüsse von Geometrieänderungen der Schutzgasdüse oder die Auswirkungen geänderter Strömungsquerschnitte im Brenner zu untersuchen. Für die Untersuchung von Freistrahlströmungen ist die chemische Zusammensetzung des Schutzgases von entscheidender Bedeutung. Besonders durch Kohlendioxid oder Mischgase mit hohem Kohlendioxidanteil lassen sich Dichtegradienten gut visualisieren. Um Dichtegradienten an Freistrahlströmungen mit Argon zu visualisieren, muss die Schlierenblende den Strahlengang stark beschneiden, was auf Grund von Beugungseffekten an den Kanten der Blende auch zu Unschärfe im Bild führen kann.

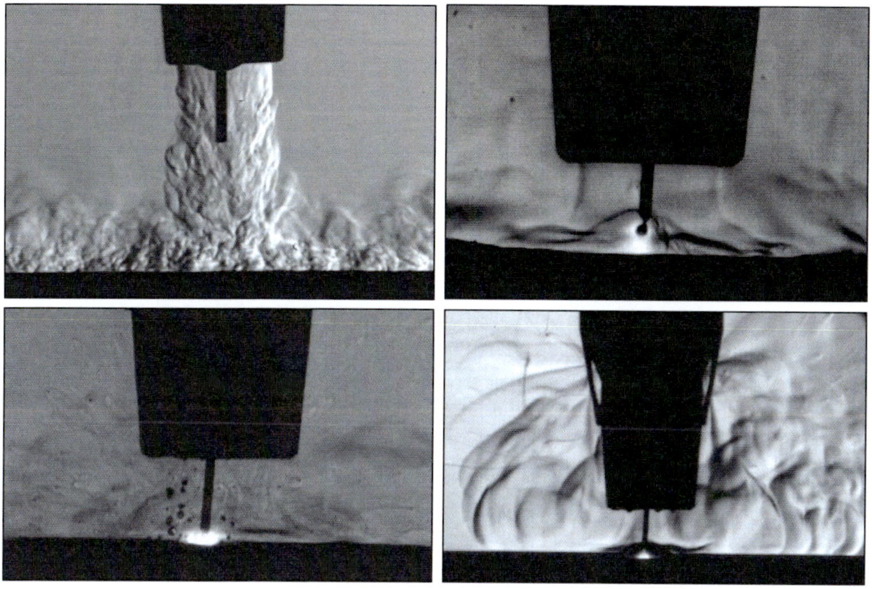

Abbildung 4.6: Schlierenaufnahmen an einem Schutzgasfreistrahl (oben links), an einem MIG-Sprühlichtbogen (oben rechts), Aufreißen des Kurzschlusses an einem MSG-Prozess (unten links) und Abbildung einer Absaugströmung (unten rechts)

Bei der Untersuchung realer Schweißprozesse sind Dichteunterschiede infolge der Schutzgaszusammensetzung von untergeordneter Bedeutung und die Charakteristik des Schlierenbildes wird von thermischen Effekten dominiert. In den Aufnahmen lassen sich das Ablösen der Strömung an der Schutzgasdüse sowie die Gebiete hoher Temperaturgradienten im äußeren Lichtbogenbereich hervorragend erkennen, Abbildung 4.6, oben rechts. Je nach Einstellung der Schlierenblende ist es möglich, die Sensibilität des Messaufbaus zu ändern und die Intensität der abgebildeten Schlieren zu beeinflussen. Wird die Schlierenblende weit geöffnet, entstehen fast ausschließlich Schattenbilder, welche beispielsweise die Bildung von Metalldampf durch Prozessunregelmäßigkeiten visualisieren, Abbildung 4.6, unten links. Weiterhin ist die Schlierenmethode hervorragend geeignet, um Strömungen zu charakterisieren, die sich nicht unmittelbar zwischen Schutzgasdüse und Werkstück ausbilden. So können beispielsweise verschiedene Rauchgasabsaugsysteme untersucht und die Effektivität der Absaugung optisch bewertet werden, Abbildung 4.6, unten rechts.

4.1.3 Sauerstoffmessung

Im Rahmen der vorliegenden Arbeit wurde die Methodik der Sauerstoffmessung an WIG-Schweißbrennern [144] aufgegriffen. Zielstellung der Weiterentwicklung ist die Anwendbarkeit dieser Methode für die Analyse von MSG-Brennern. Weiterhin wurde ein automatisierter Versuchsstand für Linien- und Flächenmessungen entwickelt sowie Untersuchungen zu Reproduzierbarkeit und Streuung der Messmethode durchgeführt. Um Sauerstoffmessungen an MSG-Brennern mit Lichtbogen durchzuführen, werden für die Analyse von MSG-Brennern kurze Wolframstifte (Ø 1,6 mm) in die Stromkontaktrohre eingepresst. Der im realen MSG-Prozess abschmelzende Zusatzwerkstoff wird auf diese Weise ersetzt und das Verstopfen der Messbohrungen durch den flüssigen Zusatzwerkstoff vermieden. Um die Wolframstifte definiert einzusetzen, wurde eine Vorrichtung entwickelt, in welcher die Stromkontaktrohre vor Beginn des Einpressens induktiv erwärmt werden. Die Wolframstifte sind an der Spitze abgerundet und können mit bis zu 150 A DC- belastet werden.

Durch das Verwenden der Wolframstifte wird kein MSG-Prozess sondern ein WIG-Prozess an einem modifizierten MSG-Brenner realisiert. Die auf diese Weise gemessenen Sauerstoffkonzentrationen entsprechen demnach nicht dem eigentlichen MSG-Prozess, charakterisieren aber dennoch das Schweißbrennersystem. Die grundlegenden Einflüsse des Lichtbogens (Lorentzkraft, thermische Wirkung) werden abgebildet.

Während der Messung wird der Schweißbrenner über eine wassergekühlte Kupferplatte geführt, in der sich eine Bohrung mit 0,5 mm Durchmesser befindet. Der durch eine Membranpumpe aus dieser Messbohrung extrahierte Massestrom beträgt ca. 0,15 l/min. Die Analyse erfolgt durch eine spezielle Lambda-Sonde, die auch Messungen im einstelligen ppm-Bereich ermöglicht. Das Messprinzip ist in Abbildung 4.7 dargestellt und basiert auf der Ionisation von freien Sauerstoffatomen durch die aus den geheizten Platinelektroden austretenden Elektronen. Die Zirkoniumdioxidschicht zwischen den Elektroden ist für diese Sauerstoffionen leitfähig, so dass ein Ionendrift entsteht. An den Elektroden kann in Abhängigkeit des Konzentrationsgefälles von freiem Sauerstoff eine Spannung gemessen werden.

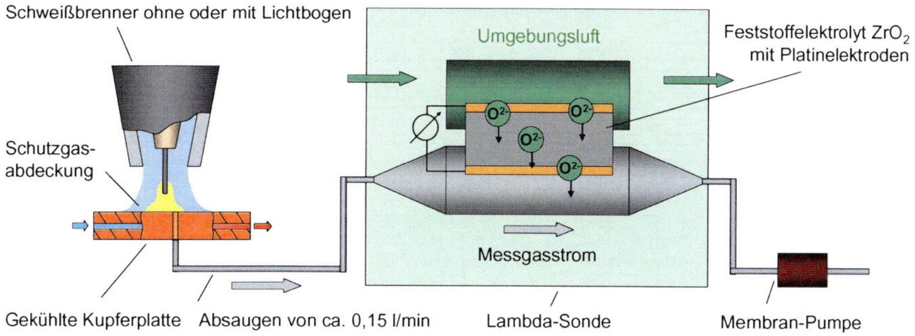

Abbildung 4.7: Sauerstoffmessung durch Nutzung des Lambda-Sonden-Verfahrens

Der Aufbau des Versuchsstandes ist in Abbildung 4.8 dargestellt. Der Schweißbrenner wird in definierter Einspannung durch eine 3-Achsen-Flachbetteinheit über einer feststehenden, wassergekühlten Kupferplatte bewegt. Durch die Linearachsen der Flachbetteinheit können minimale Schrittweiten von 12 µm erreicht werden, so dass auch die Randbereiche des Schutzgasfreistrahls mit hoher Genauigkeit analysiert werden können.

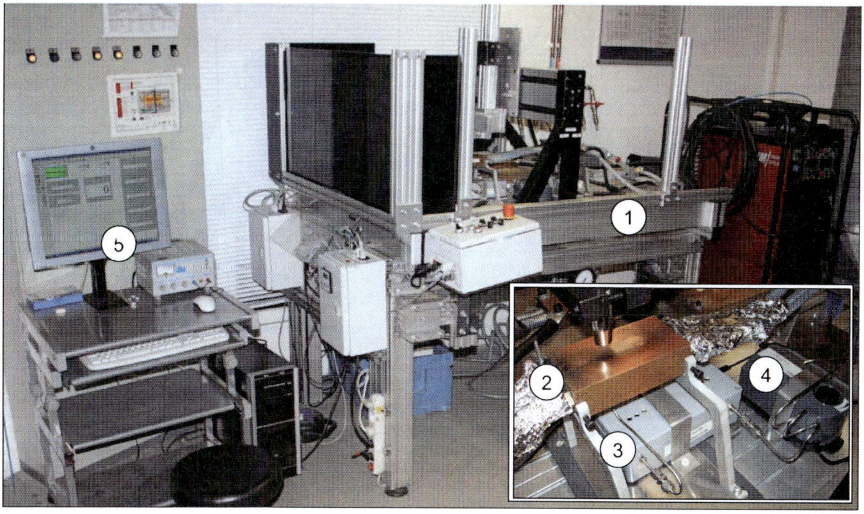

(1) 3-Achsen Flachbetteinheit
(2) Wassergekühlte Kupferplatte mit Messbohrung
(3) Lambda-Sonde
(4) Membranpumpe
(5) Steuerung von Sonde und Messablauf

Abbildung 4.8: Versuchsstand zur Messung der Sauerstoffkonzentration am Werkstück

Analog der in Abbildung 4.9 aufgeführten Vorgehensweise wurde die Messmethode für Linien- und Flächenmessungen automatisiert. Zu Beginn wird der Brenner über der Messbohrung ausgerichtet und die Messung gestartet. Nach dem Anfahren des ersten Messpunktes wird durch eine Haltezeit von 15 Sekunden gewährleistet, dass die am Werkstück extrahierte Gasmenge die Elektroden der Sonde erreicht und sich ein Gleichgewicht des zu analysierenden Sauerstoffgehaltes im Messgasvolumenstrom eingestellt hat. Untersuchungen zur Zuverlässigkeit der Messmethode haben gezeigt, dass diese Haltezeit mindestens 10 s betragen sollte, da der Messwert andernfalls verfälscht wird. Da es sich bei der gemessenen O_2-Konzentration um einen Mittelwert handelt, können schnell wechselnde Veränderungen oder Fluktuationen in der Schutzgasabdeckung nicht abgebildet werden.

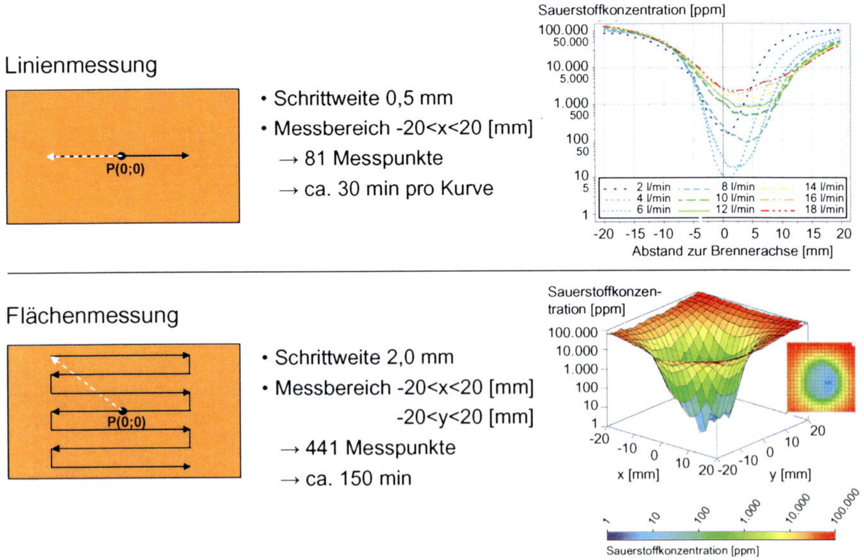

Abbildung 4.9: Programmablauf und Ergebnisdarstellung der Linien- und Flächenmessung

Für die Untersuchungen wird eine speziell auf die Analyse von niedrigen ppm-Konzentrationen angepasste Lambda-Sonde eingesetzt. Dabei wird die Führung des Messgases durch diffusionsdichte Swagelok®-Verschraubungen sowie Edelstahlrohre realisiert. Untersuchungen zur Auslegung dieser Gasführung zeigten, dass von der Verwendung von Kunststoffschläuchen und üblichen Steckverbindungen im Messkreislauf abzusehen ist, da es auf Grund des durch die Membranpumpe verursachten Unterdruckes zur Kontamination des Messgases mit Umgebungsluft kommen kann. Die Sauerstoffmessung wird derzeit ausschließlich mit Argon durchgeführt und kann je nach Brenner auch bei hohen Stromstärken von bis zu 400 A angewendet werden. Es gilt jedoch zu beachten, dass in vielen Schweißbrennern Kunststoffteile verarbeitet werden, die bei Erwärmung zur Bildung von Kohlenwasserstoffen neigen. Diese Kohlenwasserstoffe reagieren mit dem freien Sauerstoff, so dass die Aussage der Messung verfälscht werden kann.

Die weiterentwickelte Methode ermöglicht die Analyse der Schutzgasabdeckung unterschiedlicher MSG-Brenner, bei verschiedenen Gasmengen sowohl ohne als auch mit Lichtbogen. Die Schutzgasabdeckung wird nicht nur qualitativ bewertet, sondern quantifiziert. In Abbildung 4.10 sind Messkurven ohne und mit Lichtbogen für zwei MSG-Schweißbrenner gegenübergestellt. Messungen mit Lichtbogen sind nur bei entsprechend geringen Sauerstoffkonzentrationen möglich, da andernfalls die Oberfläche der Kupferplatte auf Grund der schlechten Schutzgasabdeckung verzundert und die Messbohrung zerstört wird.

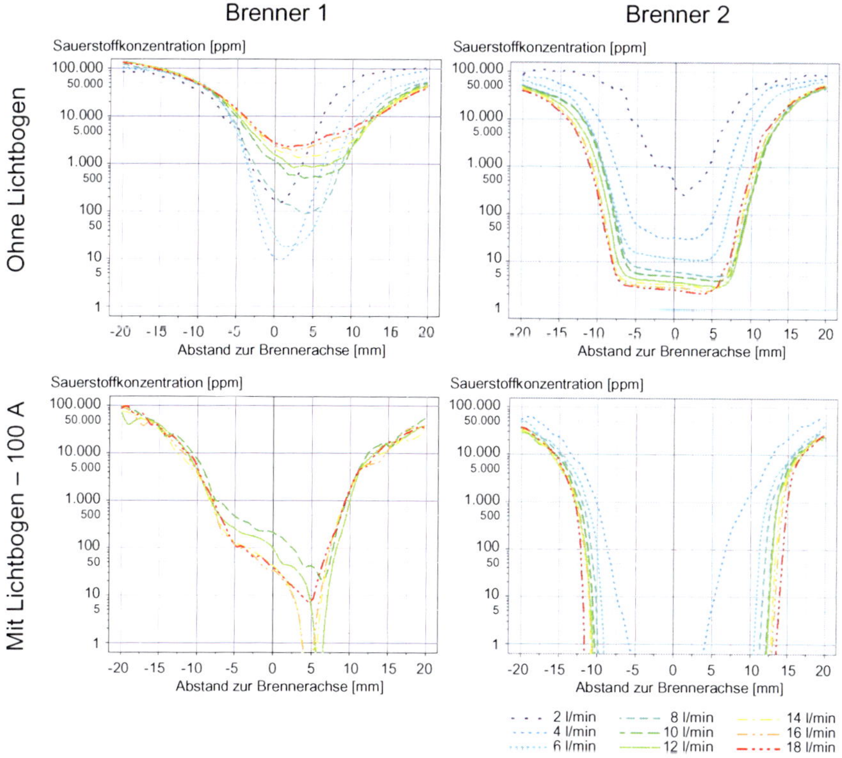

Abbildung 4.10: Sauerstoffmessungen am Werkstück ohne (oben) und mit Lichtbogen (unten)

Zur Bewertung von Messergebnissen kann zum einen abgeleitet werden, dass hohe Sauerstoffkonzentrationen im Schutzgasfreistrahl ohne Lichtbogen auch zu schlechten Gasabdeckungen mit Lichtbogen führen. Zum anderen wird an den Messergebnissen von Brenner 1 deutlich, dass die Gasmengen, die die beste Schutzgasabdeckung ohne Lichtbogen bewirken (ca. 4-8 l/min), für Messungen mit Lichtbogen nicht ausreichen. Obwohl die Sauerstoffkonzentrationen im Schutzgasfreistrahl ohne Lichtbogen bei 12 l/min zwar größer sind als bei 4-8 l/min, ist die Qualität der Gasabdeckung mit Lichtbogen hochwertiger. Dies führt zu der Annahme, dass der Lichtbogen durch seine Wechselwirkung mit der Gasströmung ungleichmäßige und turbulente Strömungsstrukturen zu einem bestimmten Grad beruhigt aber diese Eigenschaft in Wechselwirkung mit einer dafür minimal benötigten Gasmenge steht. Im Allgemeinen korrelieren die Untersuchungen ohne und mit Lichtbogen jedoch sehr gut, so dass zur grundlegenden Bewertung von Brennersystemen vorwiegend Untersuchungen ohne Lichtbogen durchgeführt werden.

Um die Streuung der Messergebnisse zu bestimmen bzw. um Unterschiede im Messwert auf geänderte Einstellparameter oder Geometrievariationen zurückführen zu können, wurden umfangreiche Reproduzierbarkeitsuntersuchungen durchgeführt, die sich sowohl auf den Versuchsstand (kontinuierliches Durchführen eines Reproduzierbarkeitsversuches mit Brenner B) als auch auf das Einzelergebnis (3-7 Messungen pro Versuch) beziehen. Abbildung 4.11 zeigt die Ergebnisse der Reproduzierbarkeitsuntersuchungen und das Beispiel einer Einzelmessung.

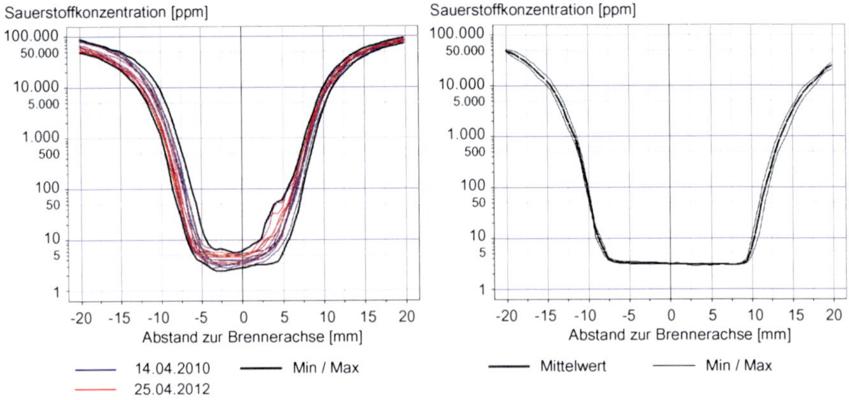

Abbildung 4.11: Messungen der O_2-Konzentration im Schutzgasfreistrahl von Beispielbrennern zur Bestimmung der Zuverlässigkeit von Versuchsaufbau (links) und Einzelergebnis (rechts)

4.2 Entwicklung eines Numerischen Modells

4.2.1 Physikalisches Modell und Randbedingungen

Für die numerischen Untersuchungen der Schutzgasströmung beim MSG-Lichtbogenschweißen wird die Software ANSYS CFX 12 verwendet. Die Grundlage für die Berechnung der Strömung bilden die Erhaltungsgleichungen von Energie, Masse und Impuls (Gleichungen 1-3). Zur Modellierung der Vermischung von Schutzgas, Luft und Metalldampf werden zwei Transportgleichungen (Gleichung 4 und 5) gelöst, welche nach [148] in ANSYS CFX implementiert sind. Hierbei ist es notwendig, die Diffusion in Abhängigkeit der Gastemperatur zu berücksichtigen. Es werden die temperaturabhängigen Diffusionskoeffizienten von Argon-Luft-Gemischen [149] und von Argon-Eisendampf-Gemischen [150] verwendet. Alle verwendeten Stoffeigenschaften nach MURPHY [151] sind in Anlage 1 abgebildet. Die Auswirkungen turbulenter Strömungseffekte werden durch verschiedene Turbulenzmodelle berücksichtigt, die in ANSYS CFX zur Verfügung stehen. Die zugrunde liegenden Gleichungen können je nach verwendetem Turbulenzmodell in [152] nachgelesen werden. Das Gleichungssystem der Strömungsmechanik muss für die Untersuchung von Lichtbogenprozessen erweitert werden, so dass auch die Effekte der Lichtbogensäule und der Plasmaströmung (Elektrodynamik) berücksichtigt werden. Hierzu wird auf Grundlage der Arbeiten von HERTEL [116] ein MHD-Modell verwendet. Die zugrunde liegenden Gleichungen (Gleichungen 6-9) sind nachfolgend aufgeführt und können detailliert in [116] nachvollzogen werden.

Gleichungen der Strömungsmechanik:

- Masseerhaltung:

$$\frac{\partial \rho}{\partial t} + \nabla \cdot (\rho \vec{u}) = 0 \qquad (1)$$

- Energieerhaltung:

$$\frac{\partial (\rho h)}{\partial t} + \nabla \cdot (\rho \vec{u} h) = \frac{\partial p}{\partial t} + \nabla \cdot (\lambda \nabla T) + \frac{\left|\vec{j}\right|^2}{\sigma} + 4\pi \, S_{NEK} \qquad (2)$$

- Impulserhaltung:

$$\frac{\partial(\rho\vec{u})}{\partial t}+\nabla\cdot(\rho\vec{u}\otimes\vec{u})=-\nabla p+\nabla\cdot\tau+\rho\,\vec{g}+\vec{j}\times\vec{B} \tag{3}$$

- Masseanteil der Komponente Luft:

$$\frac{\partial(\rho Y_{Luft})}{\partial t}+\nabla\cdot(\rho\vec{u}Y_{Luft}+\frac{n^2}{\rho}\overline{m}_{Ar}\overline{m}_{Luft}D^{X}{}_{Ar-Luft}\,\nabla X_{Luft})=0 \tag{4}$$

- Masseanteil der Komponente Metalldampf (Fe):

$$\frac{\partial(\rho Y_{Fe})}{\partial t}+\nabla\cdot(\rho\vec{u}Y_{Fe}+\frac{n^2}{\rho}\overline{m}_{Ar}\overline{m}_{Fe}D^{X}{}_{Ar-Fe}\,\nabla X_{Fe})=0 \tag{5}$$

Gleichungen der Elektrodynamik:

- Ladungsträgererhaltung:

$$\nabla\cdot(\sigma\nabla\Phi)=0 \tag{6}$$

- Stromdichte (Ohm`sches Gesetz):

$$\vec{j}=-\sigma\nabla\Phi \tag{7}$$

- Magnetisches Vektorpotential:

$$\Delta\vec{A}=-\mu_0\cdot\vec{j} \tag{8}$$

- Magnetische Flussdichte:

$$\vec{B}=\nabla\times\vec{A} \tag{9}$$

Aus dem Kreuzprodukt von magnetischer Flussdichte und Stromdichte wird die Lorentzkraft berechnet. Der Einfluss der Lorentzkraft auf das Geschwindigkeitsfeld wird durch einen Quellterm in den Impulserhaltungsgleichungen (Gleichung 3) berücksichtigt. Des Weiteren wird die Widerstandserwärmung durch einen Quellterm in der Energieerhaltungsgleichung (Gleichung 2) implementiert.

Die Temperatur der Elektrode wurde auf Grundlage der Arbeiten von HERTEL [116] vorgegeben. Die Temperaturprofile für das Kontaktrohr und die Schutzgasdüse basieren auf Infrarotaufnahmen und Thermoelementmessungen der Brennerhersteller. Bei den axialsymmetrischen Modellen (6°-Modelle und 90°-Modelle vgl. Anlage 2) wurden für das Werkstück in Abhängigkeit der Stromstärke verschiedene Temperaturprofile definiert. Für die spiegelsymmetrischen 180°-Modelle wurde die Temperatur im Werkstück selbstkonsistent berechnet.

Um den Energieaustausch infolge von Wärmeleitung zwischen Lichtbogen und Festkörpern zu berücksichtigen, wurden an den gasseitigen Kontaktflächen zwischen Gas und Elektrode bzw. zwischen Gas und Werkstück Wärmestromdichten als Randbedingungen definiert (Gleichungen 10 und 11).

- Wärmestromdichte an der Grenzschicht zwischen Gas und Elektrode:

$$\hat{\dot{q}}_{Gas-Elektrode} = -\frac{\lambda}{l_{FG,Anode}} \cdot \left(T_{Gas} - T_{Elektrode}\right) \tag{10}$$

- Wärmestromdichte an der Grenzschicht zwischen Gas und Werkstück:

$$\hat{\dot{q}}_{Gas-Werkstück} = -\frac{\lambda}{l_{FG,Kathode}} \cdot \left(T_{Gas} - T_{Werkstück}\right) \tag{11}$$

Für die selbstkonsistente Berechnung der Werkstücktemperatur an spiegelsymmetrischen Modellen (180°-Modelle) wurde zudem an der festkörperseitigen Kontaktfläche zwischen Gas und Werkstück eine Wärmestromdichte-Randbedingung vorgegeben (Gleichung 12). Diese berücksichtigt die Erwärmung des Werkstückes (Kathode) durch die auftreffenden Ionen sowie die Kühlung durch die Elektronenemission.

- Wärmestromdichte an der Grenzschicht zwischen Werkstück und Gas:

$$\hat{\dot{q}}_{Werkstück-Gas} = \frac{\lambda}{l_{FG,Kathode}} \cdot \left(T_{Gas} - T_{Werkstück}\right) + \vec{j}\left(V_i - \Phi_e\right) \tag{12}$$

Die Metallverdampfung wurde durch eine Massestrom-Randbedingung an der gasseitigen Kontaktfläche zwischen Gas und Draht definiert. Auf Grundlage der Literatur [115][116] wird von einer 1 %igen Verdampfung des abgeschmolzenen Drahtes ausgegangen. Die Drahtvorschubgeschwindigkeit wird in Abhängigkeit von der Zielstromstärke berechnet. Hierfür wurde die Abhängigkeit von Drahtvorschubgeschwindigkeit und Stromstärke in realen Schweißversuchen ermittelt. Das verwendete, ortsabhängige Verdampfungsprofil wird detailliert in [115] beschrieben.

Zur numerischen Lösung des Gleichungssystems in einem abgeschlossenen Simulationsbereich sind an dessen Grenzflächen Randbedingungen zu definieren. In Tabelle 4.1 sind die für das rotationssymmetrische 6°-Modell verwendeten Randbedingungen exemplarisch aufgeführt. Diese Randbedingungen beziehen sich auf die in Abbildung 4.12 abgebildete Modellgeometrie. Alle untersuchten Modellgeometrien sind in Anlage 2 dargestellt.

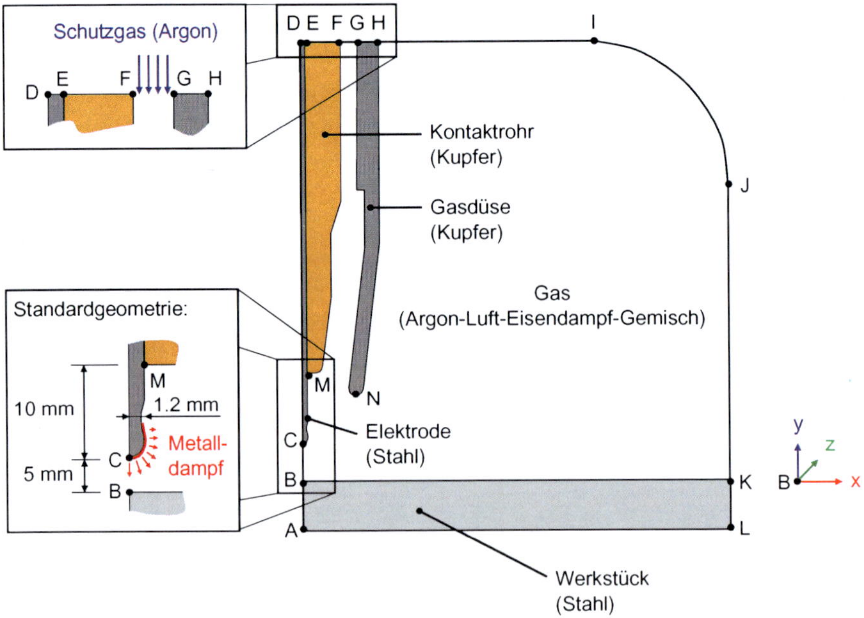

Abbildung 4.12: Geometrie und Randbedingungen des Modells am Beispiel einer 6°-Geometrie

Tabelle 4.1: Randbedingungen des numerischen Modells am Beispiel einer 6°-Geometrie

Region (Typ)	Konzen-trationen	Masse und Momente	Energie	Elektrisches Potential	Magnetfeld
A-B-C-D (Symmetrie)	$\frac{\partial Y_i}{\partial n} = 0$	$\frac{\partial u_i}{\partial n} = 0$	$\frac{\partial T}{\partial n} = 0$	$\frac{\partial \Phi}{\partial n} = 0$	$\frac{\partial A_i}{\partial n} = 0$
A-L (Wand)	-	-	-	$\Phi = 0V$	$\frac{\partial A_i}{\partial n} = 0$
B-K (Wand)	$\frac{\partial Y_i}{\partial n} = 0$	$\vec{u} = 0\frac{m}{s}$	$\hat{\dot{q}}_{Gas-Werkstück}$	-	-
C-M (Wand)	$Y_{Fe} = f(y)$	$\dot{m}_{Fe}$	$\hat{\dot{q}}_{Gas-Elektrode}$	-	-
D-E (Wand)	-	-	-	$\Phi = 1V$	$\frac{\partial A_i}{\partial n} = 0$
E-F (Wand)	-	-	-	-	$\frac{\partial A_i}{\partial n} = 0$
E-M (Kontaktfläche)	-	-	-	$\frac{\partial \Phi}{\partial n} = 0$	-
F-G (Einlass)	$Y_{Ar} = 1$	$\dot{m}_{Schutzgas}$	$T_{Schutzgas}$	$\frac{\partial \Phi}{\partial n} = 0$	$\frac{\partial A_i}{\partial n} = 0$
F-M (Wand)	$\frac{\partial Y_i}{\partial n} = 0$	$\vec{u} = 0\frac{m}{s}$	$T_{Kontaktrohr}$	$\frac{\partial \Phi}{\partial n} = 0$	-
G-H (Wand)	-	-	-	-	$\frac{\partial A_i}{\partial n} = 0$
G-N-H (Wand)	$\frac{\partial Y_i}{\partial n} = 0$	$\vec{u} = 0\frac{m}{s}$	$T_{Gasdüse}$	$\frac{\partial \Phi}{\partial n} = 0$	-
H-I-J (offen)	$Y_{Luft} = 1$	$p_{rel} = 0Pa$	$T = 300K$	$\frac{\partial \Phi}{\partial n} = 0$	$\frac{\partial A_i}{\partial n} = 0$
J-K (offen)	$Y_{Luft} = 1$	$p_{rel} = 0Pa$	$T = 300K$	$\frac{\partial \Phi}{\partial n} = 0$	$A_i = 0Tm$
K-L (Wand)	-	-	-	$\frac{\partial \Phi}{\partial n} = 0$	$A_i = 0Tm$

4.2.2 Netzentwicklung und Variation der Modellgeometrie

Die Netzerstellung erfolgte in ANSYS ICEM CFD 12. Die Software ermöglicht die Vernetzung durch tetraedrische oder hexaedrische Elemente. Tetraedrische Netze können von der Software für eine vorgegebene Geometrie automatisch generiert werden, sind aber auf Grund der hohen Anzahl von Knotenpunkten im Hinblick auf die Rechenzeit problematisch. Weiterhin weisen tetraedrische Netze in den Grenzschichten zu Festkörpern Nachteile auf. Anwendung findet dieser Vernetzungstyp vor allem bei sehr komplizierten Strukturen oder bei sehr ungünstigen Winkeln in der durch das Modell abzubildenden Geometrie. Die Erstellung eines Hexaedernetzes hat erhebliche rechentechnische Vorteile, muss jedoch manuell durchgeführt werden. Hierfür wird die Strömungsgeometrie in einzelne Blöcke unterteilt (Blocking), welche im Anschluss in kleine Hexaeder zerlegt werden (Meshing). Für die Untersuchung der Schutzgasströmung an Schweißbrennern wurden im Rahmen der vorliegenden Arbeit ausschließlich Hexaedernetze entwickelt und eingesetzt.

Das Netz und die Gitterauflösung bestimmen wesentlich die Qualität und die Rechenzeit des numerischen Modells. Im Allgemeinen ist bekannt, dass die finiten Elemente / Volumen so klein sein sollten, dass diese die wesentlichen Gradienten im Gleichungssystem adäquat abbilden können. Andererseits bestimmt die Anzahl der Elemente die Rechenzeit. Dieser grundsätzliche Widerspruch in den Anforderungen an das numerische Gitter ist nur durch lokal angepasste Gitterauflösung (nicht-äquidenside Gitter) zu entsprechen.

Die systematische Herleitung einer geeigneten Gitterauflösung erfolgte an einem rotationssymmetrischen Modell mit nur einer Elementen-Schicht in Umfangsrichtung. Abbildung 4.13 verdeutlicht die Vorgehensweise. Im Modell werden das Stromkontaktrohr, die Drahtelektrode, die Schutzgasdüse, das Werkstück und der Strömungsraum abgebildet. Bereits das erste Gitter war ein strukturiertes nicht-äquidensides Gitter. Von diesem Gitter ausgehend wurde nun schrittweise die Anzahl der finiten Elemente erhöht. Zu jedem Gitter wurden die Eigenschaften des Lösers (mittleren und maximalen Residuals der Erhaltungsgleichung) und die Sauerstoffkonzentration an Referenzpunkten verglichen.

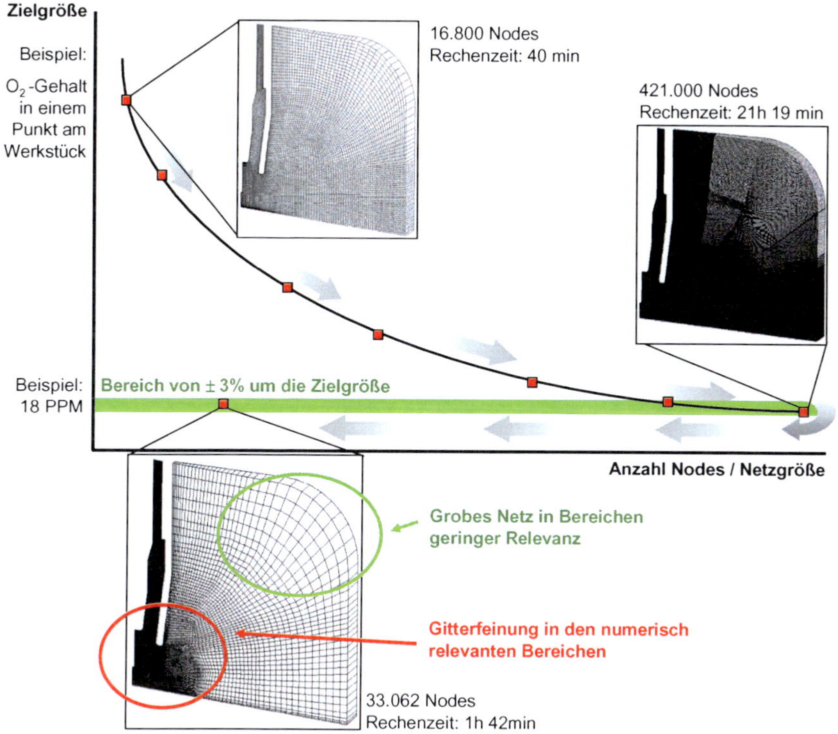

Abbildung 4.13: Vorgehen bei der Netzentwicklung an einem axialsymmetrischen 6°-Modell

Für ein Netz mit ca. 421.000 Elementen wurde festgestellt, dass sich alle maximalen Residuals unter 10^{-4} und alle mittleren unter 10^{-6} befinden sowie gleichzeitig bei Verdopplung der Gitterauflösung im Vergleich zum vorhergehenden Netz die Änderung der Sauerstoffkonzentration in den Referenzpunkten geringer als 3 % ist. Im Sinne der Modellierung wurde von einer gitterunabhängigen Lösung ausgegangen. Auf Basis der im Modell berechneten Gradienten erfolgte anschließend eine Ausdünnung des Gitters. Dies erfolgte vor allem in den Randbereichen des Simulationsraumes. Die Anzahl der nötigen Elemente sowie der benötigten Rechenzeit konnte auf diesem Weg um Faktor zwölf reduziert werden, vgl. Abbildung 4.13.

Um die Aussagefähigkeit des Modells zu bewerten, wurden die Ergebnisse der Simulation mit gemessenen Sauerstoffkonzentrationen im Schutzgasfreistrahl bei verschiedenen Schutzgasmengen verglichen. Hierfür wurde das in Kapitel 4.1.3 beschriebene Lambda-Sonden-Verfahren eingesetzt. Es konnte festgestellt werden, dass die durch das 6°-Modell (Geometrie 1 in Abbildung 4.14) berechneten Sauerstoffkonzentrationen in den Randbereichen deutlich unter den gemessenen Werten lagen, vgl. Abbildung 4.14.

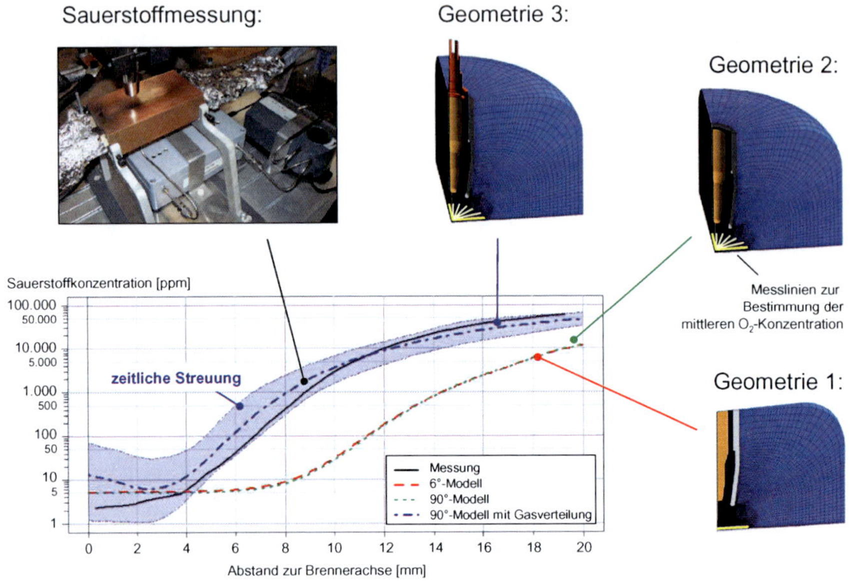

Abbildung 4.14: Vergleich von Messung und Simulation in Abhängigkeit der in der Simulation verwendeten Modellgeometrie (Freistrahlströmung ohne Lichtbogen, Argon 10 l/min)

Aus diesem Grund wurde die für das 6°-Modell optimierte Netzstruktur im nächsten Schritt auf ein rotationssymmetrisches 90°-Modell (Geometrie 2 in Abbildung 4.14) übertragen. Mit dieser nach wie vor rotationssymmetrischen Abstraktion können prinzipiell auch 3-dimensionale Wirbelstrukturen abgebildet werden. Im Ergebnis zeigten sich bei Verwendung des SST-Turbulenzmodells jedoch keine signifikanten Unterschiede zu einem rotationssymmetrischen 6°-Modell. Auf Grundlage dieser Ergebnisse wurde geschlussfolgert, dass die Qualität der Gasabdeckung am Werkstück entscheidend durch die Strömungsgeometrie und die daraus resultierenden Strömungseffekte im Brenner beeinflusst wird, welche sowohl durch Geometrie 1 als auch durch Geometrie 2 vernachlässigt werden.

Die Modellgeometrie wurde daher erneut erweitert und es erfolgte am 90°-Modell die Integration der brennerinternen Strömungsräume im Bereich des Gasverteilers sowie dessen Anströmung (Geometrie 3 in Abbildung 4.14). Es handelte sich nun nicht mehr um eine axialsymmetrische Strömungsgeometrie, so dass eine doppelt-spiegelsymmetrische Randbedingung vorgegeben wurde. Wie in Abbildung 4.14 ersichtlich, zeigen Modell und Messungen durch die Berücksichtigung der Gasverteilung eine gute Übereinstimmung. Der in Abbildung 4.14 für Geometrie 3 blau gefärbte Bereich ergibt sich durch die Ausbildung einer instationären Strömungsstruktur bei Verwendung eines LES-Turbulenzmodells. Die Erprobung der in ANSYS CFX zur Verfügung stehenden Turbulenzmodelle wird in Kapitel 4.2.3 näher beschrieben.

4.2.3 Erprobung Turbulenzmodell und Validierung

Zur Modellierung der Turbulenz stehen in ANSYS CFX je nach Anwendungsfall bis zu 20 Turbulenzmodelle zur Verfügung, die jeweils benutzerdefiniert kalibriert werden können. Deren Anwendbarkeit wurde durch die Modellierung eines Beispielprozesses (Freistrahlströmung ohne Lichtbogen, Argon, 18 l/min) und die Berechnung der resultierenden Vermischung von Schutzgas und Luft untersucht. Bewertet wurden ausgewählte Reynolds Averaged Navier Stokes (RANS) sowie Large Eddy Simulation (LES) Turbulenzmodelle. Ausgewählte Ergebnisse der untersuchten Turbulenzmodelle sind in Anlage 3 dargestellt.

Es konnte gezeigt werden, dass das beste Anwendungsvermögen für axialsymmetrische Modelle dem k-ε-Modell bzw. dem Shear Stress Transport (SST) Modell zuzuordnen ist. Das von MENTER entwickelte SST-Turbulenzmodell kombiniert die Vorteile des k-ε-Modells in den wandfernen Bereichen mit den Vorteilen des k-ω-Modells in der Grenzschicht. In stationären Untersuchungen wird mit dem SST-Modell eine mittlere Turbulenz im Gas berechnet, auf deren Basis Vermischungsprozesse durch eine turbulente Diffusion abgeschätzt werden. Bei komplexeren 3-dimensionalen Modellen bietet sich neben dem SST-Modell die LES-Turbulenzmodellierung an. Diese ermöglicht die zeitaufgelöste Modellierung der Bildung, des Transports und der Auflösung von Wirbelfeldern im Brenner und im Schutzgasfreistrahl. Durch die Wirbelfelder können Vermischungen direkt berechnet werden.

In ANSYS CFX können die Vorteile von RANS und LES auch kombiniert angewendet werden. Durch das zur Verfügung stehende DES bzw. SAS-SST-Turbulenzmodell werden die wandnahe Grenzschicht und Wirbel mit einem Durchmesser unter der Gitterauflösung durch das U-RANS-Modell abgebildet, während die freien wandfernen Strömungen durch ein LES-Modell beschrieben werden. Im Wesentlichen besteht die Hauptaussage für die Bewertung der Schutzgasströmung an Schweißbrennern darin, dass zeitliche Änderungen im Strömungsverhalten durch turbulente Effekte nur durch die Anwendung von LES abgebildet werden können, vgl. Abbildung 4.15.

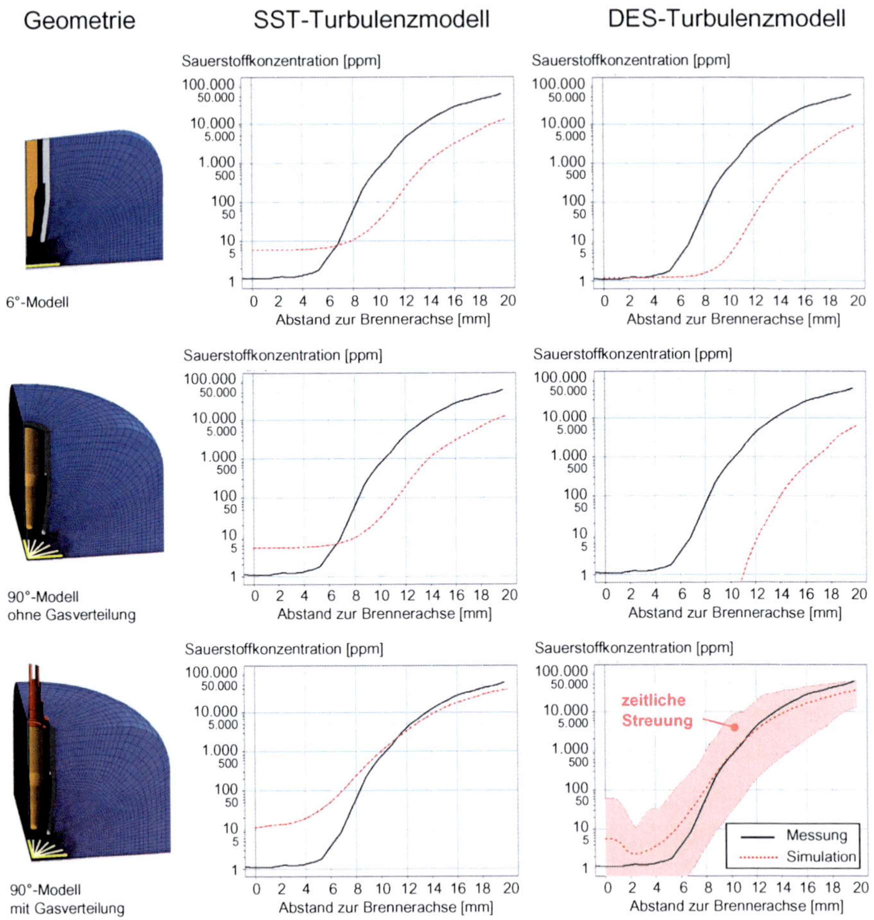

Abbildung 4.15: Gegenüberstellung von SST- und DES-Turbulenzmodell an verschiedenen Modellgeometrien (Freistrahlströmung ohne Lichtbogen, Argon 18 l/min)

4.2.4 Empfehlungen für die Anwendung von Numerischen Modellen für die Untersuchung der Schutzgasströmung an MSG-Schweißprozessen

Auf Grundlage der im Rahmen dieser Arbeit durchgeführten Netzentwicklung, der Analyse verschieden komplexer Geometrien und der iterativen Modellentwicklung und Validierung werden nachfolgend Empfehlungen für die Anwendung und Aus-legung numerischer Modelle für die Brenner- und Verfahrensentwicklung abgeleitet.

Anforderungen an Geometrie und Vernetzung:

1. Die rotationssymmetrischen „Tortenstück"-Modelle setzen eine Vernachlässigung der Gasverteilung im Brenner voraus. Diese Modelle eignen sich auf Grund der relativ kurzen Rechenzeiten für die allgemeine Analyse der Wechselwirkungen zwischen Prozess und Schutzgasfreistrahl sowie für Geometrievariationen der Schutzgasdüse, Untersuchung verschiedener Brennerabstände oder die Erprobung gradierter Strömungsprofile. Aus den durchgeführten Vergleichen von Geometrie 1 und Geometrie 2 kann bei vorliegender Symmetrie zur y-Achse und über den Brennerumfang gleichmäßigen Einströmbedingungen im Allgemeinen die Verwendung eines 2½-dimensionalen „Tortenstück"-Modells mit nur einem Gitterelement in Umfangsrichtung empfohlen werden. Weiterhin wurde an Geometrie 2 nachgewiesen, dass es für die Ausbildung der Schutzgasströmung, unter den genannten Bedingungen, keinen Unterschied zwischen einer rotationssymmetrischen und einer spiegelsymmetrischen Randbedingung gibt. Durch die rotationssymmetrischen „Tortenstück"-Modelle ohne Berücksichtigung der brennerinternen Gasverteilung werden Turbulenzen und ungleichmäßige Strömungen nur unzureichend abgebildet. Verunreinigungen in den Randbereichen des Freistrahls werden daher deutlich geringer dargestellt als in der Realität.
2. Um in der Brennerentwicklung die Entstehung von Turbulenzen und ungleichmäßigen Strömungsprofilen im Brenner zu untersuchen, ist es notwendig die Geometrie des Gasverteilers und dessen Anströmung im Modell abzubilden. Die Rechenzeiten können durch die Berücksichtigung von geeigneten Spiegel-Symmetrierandbedingungen gegenüber einer 360°-Vernetzung reduziert werden.

3. Der Strömungsraum in Prozessumgebung sollte ausreichend groß vernetzt werden, so dass Randbedingungen keinen signifikanten Einfluss auf die Freistrahlströmung bzw. das über das Werkstück nach außen abströmende Schutzgas haben. Für axialsymmetrische Modelle (z.B. 6°- und 90°- Geometrien in Anlage 2) sollte die Abmessung in x-Richtung (vgl. Abbildung 4.12) mindestens dem 5-fachen Gasdüsendurchmesser betragen. Für Modellgeometrien, die die Vorschubgeschwindigkeit oder die Brennerneigung berücksichtigen, kann sich der abzubildende Bereich deutlich vergrößern. Maßgebend ist in jedem Fall die sich ausbildende Strömung, so dass der für das Modell notwendige Strömungsraum, wie in Abbildung 4.13 für die Gittergröße beschrieben, ggf. auch iterativ erarbeitet werden sollte.
4. Die maximale Maschenweite für Strömungsquerschnitte im Brenner sollte nicht größer sein als 0,3 mm. In Gebieten großer Gradienten ist eine feinere Vernetzung (Maschenweite ca. 0,1 mm) erforderlich. Dies betrifft z. B. den Lichtbogenansatz an Drahtelektrode und Werkstück, die Strömungsablösung an der Gasdüse und den Freistrahlbereich. Wird das in Kapitel 4.2.1 beschriebene Lichtbogenmodell verwendet, sollte die minimale Maschenweite an der Elektrode und am Werkstück nicht kleiner sein als 0,1 mm. In den Außenbereichen kann das Gitter wesentlich gröber strukturiert werden (Maschenweite bis zu 4 mm).

Anforderungen an das Physikalische Modell:

1. Die Vermischung von Schutzgas mit Umgebungsluft wird erheblich von der temperaturabhängigen Beweglichkeit der Teilchen bestimmt. Diese Beweglichkeit wird durch den Diffusionskoeffizienten beschrieben und muss bei Modellen mit Lichtbogen immer temperaturabhängig berücksichtigt werden.
2. Einen entscheidenden Einfluss auf die Vermischung von Gasen haben turbulente Strömungseffekte. Diese sind gekennzeichnet durch 3-dimensionale, chaotische sowie instationäre Strömungen und können nur bei extrem feiner Gitterauflösung von wenigen Mikrometern direkt approximiert werden. Da diese Gitterauflösung für die Brenner- und Verfahrensentwicklung auf Grund extremer Rechenzeiten und bestimmter Modellanforderungen nicht zielführend ist, muss die Turbulenz durch Modelle abgebildet werden. Für 2½-dimensionale „Tortenstück"-Modelle kann die Verwendung des SST-Turbulenzmodells sowohl für stationäre als auch für zeitbestimmte Rechnungen empfohlen werden. Auch für 3-dimensionale

Strömungsgeometrien wird grundlegend das SST-Modell empfohlen. Gerade für zeitbestimmte Prozesse und die Darstellung turbulenter Strukturen oder Wirbelablösungen ist jedoch ein LES-basiertes Turbulenzmodell, wie das DES oder das SAS-SST-Modell, vorzuziehen. Da diese Turbulenzmodelle immer transient gerechnet werden müssen, bietet sich daher eine mit dem SST-Modell berechnete Startlösung an. Für die Auswertung zeitbestimmter Prozesse wurde ein Zeitraum von mindestens 0,2 Sekunden ausgehend von einer parametergleichen Startlösung berechnet. Die Auswertung des zeitbestimmten Strömungsverhaltens sollte nicht zu Beginn der Rechnung erfolgen, da sich die Strömungseigenschaften der Startlösung erst im Laufe der transienten Rechnung abbauen. Die Auswertung erfolgte daher erst nach einer berechneten Zeit von 0,1 Sekunden.

3. Für die Untersuchung der Schutzgasströmung an Lichtbogenprozessen ist es notwendig die aus der Elektrodynamik resultierenden Kräfte (Lorentzkraft) und Energien (Widerstandswärme) im Modell zu berücksichtigen. Der Lichtbogen beeinflusst die Charakteristik der Gasströmung entscheidend und kann zur Verfahrensentwicklung nicht auf seine thermischen Eigenschaften reduziert werden. Für die Brennerentwicklung ist die Integration eines MHD-Modells vor allem dann sinnvoll, wenn durch die Gestaltung der brennerinternen Strömungsräume der Lichtbogen in einer bestimmten Form angeströmt werden soll und die Wechselwirkungen zwischen Gasströmung und Prozess visualisiert werden müssen. Die Untersuchung der Gasverteilung und die Analyse daraus resultierender Strömungseffekte können auch an einem Freistrahlmodell ohne Lichtbogen erfolgen.

4. Der MSG-Prozess ist durch die Verdampfung von abschmelzendem Zusatzwerkstoff gekennzeichnet. Diese Verdampfung kann im Modell durch einen an die Stromdichte gekoppelten Verdampfungsmassenstrom am Draht vorgegeben werden. Die Untersuchungen zeigen, dass die Integration des Metalldampfes für die realitätsnahe Abbildung eines MSG-Lichtbogens zwar sinnvoll ist, für die Untersuchung der Gasströmung aber auch vernachlässigt werden kann.

4.3 Kombination der Methoden - Erarbeitung eines Methodenbaukastens

Um die in den Kapiteln 4.1 und 4.2 beschriebenen Methoden im Sinne einer effektiven und zielgerichteten Brenner- und Verfahrensentwicklung einzusetzen, ist es notwendig sie in geeigneter Weise miteinander zu kombinieren. Durch die kombinierte Anwendung der Methoden werden die jeweiligen Vorteile hervorgehoben und Restriktionen kompensiert.

Das zentrale Element des Methodenbaukastens ist die numerische Simulation. Sie verbindet die Möglichkeiten der Visualisierung von Strömungen mit den Vorteilen der computergestützten Auslegung von Brennergeometrien, Prozessparametern oder Randbedingungen. Das erarbeitete Modell berücksichtigt die komplexe brennerinterne Strömungsgeometrie, temperaturbedingte Diffusionseffekte, die Entstehung und den Transport turbulenter Strömungsstrukturen, die elektromagnetische Beeinflussung der Strömung durch den Lichtbogen, die für den MSG-Prozess charakteristische Metallverdampfung sowie energetische Abstrahlungsverluste. Die Simulation wird eingesetzt um eine mangelhafte Schutzgasabdeckung auf ihre Ursachen zurückzuführen und die Strömungsverhältnisse zu verbessern bzw. zur Neuentwicklung von Brennersystemen. Die Wechselwirkungen zwischen den Geometrieelementen des Brenners und der Gasströmung werden visualisiert und deren Folgen für die Schutzgasabdeckung herausgearbeitet. Es werden charakteristische Wirbel- und Turbulenzstrukturen abgebildet.

Die experimentellen Methoden des Methodenbaukastens dienen zur Validierung des numerischen Modells und zum Nachweis der Strömungseigenschaften. Durch die PIV können auf Grundlage der Arbeit erstmals kontinuierliche Aufnahmen an MSG-Schweißprozessen realisiert werden. Durch die Weiterentwicklung der Schlierentechnik mit strahlungsselektiven Beleuchtungsquellen und auf den strahlungsintensiven MSG-Prozess abgestimmte Filtersysteme kann der MSG-Lichtbogen auch im Sprühlichtbogenbereich fast vollständig ausgeblendet werden. Beide Methoden sind geeignet um die in der Simulation berechneten Strömungsfelder nachzuweisen und den Erkenntnisgewinn zu vervielfachen. Zum quantitativen Nachweis des Gasschutzes wird die ortsaufgelöste Messung der Sauerstoffkonzentration eingesetzt. Der qualitative Nachweis der Schutzgasabdeckung muss letztendlich durch Schweißversuche mit Analyse des Nahtbildes erfolgen.

Der erarbeitete Methodenbaukasten ermöglicht die Minderung des prototypischen Entwicklungsaufwandes bei gleichzeitiger Erhöhung des Erkenntnisgewinns vor allem durch Anwendung der numerischen Simulation. Auf Grund der komplexen Strömungscharakteristik am heißen Bauteil und in Wechselwirkung mit dem Lichtbogen ist die experimentelle Absicherung durch Sauerstoffmessung, Schlieren oder PIV unumgänglich. Durch die systematische Anwendung dieser Methoden wird sowohl der Entwicklungsaufwand für Schweißbrenner gemindert als auch der Erkenntnisgewinn über die Schutzgasströmung erhöht.

Tabelle 4.2: Aussagevermögen der weiterentwickelten Methoden für die Untersuchung von Gasströmung und Schutzgasabdeckung an MSG-Schweißprozessen sowie Bewertung der Erweiterung des Standes der Technik

	Aussagevermögen					
Methode	Strömung im Schweißbrenner	Strömungseigenschaften im Schutzgasfreistrahl unter der Gasdüse	äußere Strömungseigenschaften (Wirbel, Auftriebseffekte, Absaugströmungen)	zeitbestimmte Analyse von nicht regelmäßigem Strömungsverhalten	Quantifizierung von Strömungsgeschwindigkeiten	Quantifizierung der Schutzgasabdeckung
Simulation	X	X	X	X	X	X
PIV		X	X	X	X	
Schlierentechnik		X	X	X		
Sauerstoffmessung						X[1]

[1] Untersuchungen mit Lichtbogen nur durch eingepresste Wolframstifte möglich (kein realer MSG-Prozess)

keine Weiterentwicklung gegenüber dem SdT	geringe Weiterentwicklung gegenüber dem SdT	erhebliche Weiterentwicklung gegenüber dem SdT

Farbkodierung (Legende): Simulation – erheblich: Strömung im Schweißbrenner, Strömungseigenschaften im Schutzgasfreistrahl, äußere Strömungseigenschaften, zeitbestimmte Analyse, Quantifizierung der Schutzgasabdeckung; gering: Quantifizierung von Strömungsgeschwindigkeiten. PIV – gering: Strömungseigenschaften im Schutzgasfreistrahl, äußere Strömungseigenschaften, Quantifizierung von Strömungsgeschwindigkeiten; erheblich: zeitbestimmte Analyse. Schlierentechnik – erheblich: Strömungseigenschaften im Schutzgasfreistrahl, äußere Strömungseigenschaften, zeitbestimmte Analyse. Sauerstoffmessung – gering: Quantifizierung der Schutzgasabdeckung.

5 Untersuchungsumfang und Versuchsdurchführung

5.1 Auswahl von verschiedenen Schweißbrennersystemen

Im Rahmen der vorliegenden Arbeit wurden elf aktuelle Brennersysteme für die Untersuchungen verwendet. Die Brenner wurden im Wesentlichen in Bezug auf den Brennertyp (Hand- oder Roboterschweißbrenner), die Art der Kühlung (G - gasgekühlt oder W - wassergekühlt) und die jeweilige Baugröße (Gasdüsendurchmesser) ausgewählt, so dass eine möglichst große Bandbreite kommerziell verfügbarer Brennersysteme betrachtet werden konnte. Die Spalte SD kennzeichnet den Innendurchmesser an der Unterseite der Gasdüse. Die Spalte GV benennt Anzahl und Durchmesser der Bohrungen im Gasverteiler.

Tabelle 5.1: Übersicht über die verwendeten Schweißbrenner

Bezeichnung	Typ	Kühlung	Draht		Einschaltdauer						Standard-bestückung	
					M21			C1				
			von	bis	100	60	40	100	60	40	SD	GV
			[mm]	[mm]	[A]	[A]	[A]	[A]	[A]	[A]	[mm]	[mm]
Brenner A	Hand	G	0,8	1,2	150	200	250	190	240	300	13	6x1,8
Brenner B	Hand	G	0,8	1,2		220			250		13	8x1,5
Brenner C	Hand	G	0,8	1,0		200			250		13	6x1,5
Brenner D	Hand	W	0,8	1,6	500			650			17	12x2,0
Brenner E	Hand	G	0,8	1,2		290			320		16	6x2,9
Brenner F	Robo	G	0,8	1,4	250			300			14	6x2,4
Brenner G	Robo	W	0,8	1,2	290						13	6x2,0
Brenner H	Robo	W	0,8	1,2	350			400			14	6x1,7
Brenner I	Robo	G	0,8	2,4		500		500			16	4x2,5
Brenner J	Robo	W	k.A.	k.A.		k.A.			k.A.		18	6x1,8
Brenner K	Hand	W	0,8	1,6		450			500		15	6x1,6

5.2 Verschmutzung von Brennerkomponenten

Um die Auswirkung von Brennerverschmutzungen auf die Qualität der Gasabdeckung zu untersuchen, wurden zwei Roboterbrenner aus den Bereichen Stahl (Brenner I) und Aluminium (Brenner J) sowie ein Handbrenner aus der manuellen Stahlfertigung (Brenner K) ausgewählt. Grundlage der strömungstechnischen Untersuchungen bilden direkt aus der Fertigung entnommene Verschleißteile, die in verschiedenen Graden verschmutzt bzw. auch verschlissen (Verformungen an Gasdüsen) sind. Alle untersuchten Verschleißteile sind in Anlage 4 zusammengestellt.

Auf Grund der vollständigen und undefinierten Verschmutzung der während der Fertigung verschmutzten Verschleißteile können Aussagen zum generellen Einfluss von Brennerverschmutzungen auf die Qualität der Gasabdeckung getroffen werden. Rückschlüsse auf einen Ursache-Wirkungszusammenhang zwischen einer konkreten Verschmutzung (Bereich und Stärke) und der Beeinflussung der Gasabdeckung sind jedoch nicht möglich. Es wurden daher im Labor definierte und lokal begrenzte Verschmutzungen auf die Verschleißteile eines Beispielbrenners (Brenner E) aufgetragen und strömungstechnische Untersuchungen durchgeführt. Abbildung 5.1 zeigt die dafür vorgenommene Einteilung des Brenners in vier Verschmutzungszonen.

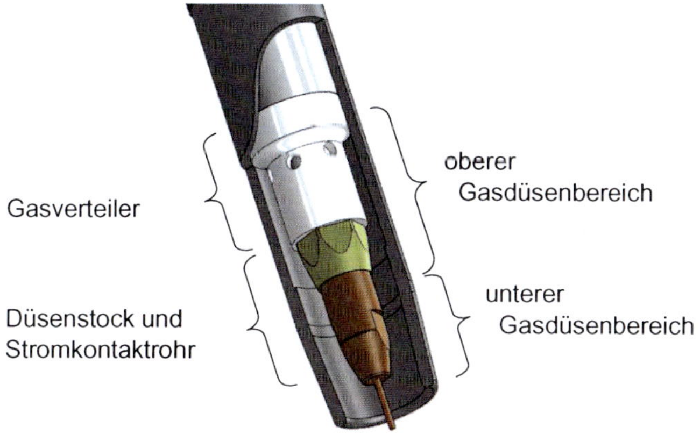

Abbildung 5.1: Einteilung des brennerinternen Strömungsraumes in vier Verschmutzungszonen

Für die Herstellung der Verschmutzungen wurde ein temperaturbeständiger Lack und Granulat mit Korndurchmessern von bis zu 1 mm genutzt. Das Granulat ähnelt in Form und Konsistenz den in der Realität entstehenden Schweißspritzern, so dass auch

Veränderungen in der Oberflächenstruktur gut abgebildet werden können. Die Verschmutzungen wurden jeweils in verschiedenen Stärken sowie einseitig oder komplett im Verschmutzungsbereich aufgebracht. Auf Grund der Temperaturbeständigkeit von Lack und Granulat konnten mit den im Labor verschmutzten Verschleißteilen auch Schweißversuche zur Bewertung der Qualität der Gasabdeckung durchgeführt werden.

5.3 Durchführung von Schweißversuchen

Die Versuche wurden mit dem Schweißgerät EWM Phoenix 521 Expert Puls force arc + Expert Drive durchgeführt. Dabei handelt es sich um ein Inverter-DC-Schweißgerät zum MIG/MAG- Standard-, WIG-Liftarc- und E-Hand-Schweißen. Die Stromquelle verfügt über ein internes Kühlaggregat, so dass auch wassergekühlte Brenner betrieben werden können.

Die Realisierung einer konstanten Schweißgeschwindigkeit erfolgte durch eine Linearachse. Dabei wurde der Brenner über das auf einer wassergekühlten Kupferplatte gespannte Werkstück verfahren.

Auf Grund der beschriebenen Folgen einer mangelhaften Schutzgasabdeckung in Kapitel 2.1.3 werden für den experimentellen Nachweis der Qualität der Schutzgasabdeckung im Rahmen dieser Arbeit die Werkstoffe Aluminium (Kriterien: Prozessstabilität, Rußablagerungen) und CrNi-Stahl (Kriterien: Prozessstabilität, Oxidinseln, Anlauffarben) ausgewählt. Es wurden Schweißversuche an Aluminium- und CrNi-Stahlblechen der Stärke 5 mm durchgeführt. Die verwendeten Grund- und Zusatzwerkstoffe sind in Tabelle 5.2 und Tabelle 5.3 angegeben. Es wurde mit Drahtelektroden des Durchmessers 1,2 mm gearbeitet.

Die Schweißparameter wurden für die jeweiligen Werkstoffe so ausgewählt, dass sich bei sauberen Brennern unter guter Schutzgasabdeckung ein ruhiger und gleichmäßiger Prozess einstellt. Es sei an dieser Stelle darauf hingewiesen, dass der Vergleich von Schweißbrennern bei konstanten Einstellparametern sehr schwierig ist, da sich die elektrischen Größen im Schweißstromkreis ändern und sich auf diese Weise bei gleichen Einstellparametern durchaus andere Lichtbogenlängen und Prozessbereiche einstellen können. Dies beeinflusst die Kurzschluss- und Spritzerbildung und demnach auch die Gasströmung bzw. Gasabdeckung. Die Schweißversuche wurden daher mit dem Ziel durchgeführt, eine qualitative Beeinflussung der Gasabdeckung durch geänderte Rahmenbedingungen (Brennertyp, Gasdüsenlänge, Verschmutzungsgrad, etc.) im Hinblick auf die Bewertung der in Kapitel 2.1.3 beschriebenen Folgen einer unzureichenden Gasabdeckung abzubilden. An Aluminium wurden Schweißungen im Kurz- und im Impulslichtbogenbereich durchgeführt. Für CrNi-Stahl wurde die Gasabdeckung im Kurz- und Sprühlichtbogen sowie bei Impulsschweißungen bewertet, vgl. Tabelle 5.4.

Tabelle 5.2: Grund- und Zusatzwerkstoff für Schweißversuche an Aluminium

Bezeichnung Werkstoff		Schmelzenanalyse [% Massenanteil]							
		Si	Fe	Cu	Mn	Mg	Cr	Zn	Ti
Grundwerkstoff									
AlMg3Mn	3.3537	<0,25	<0,4	<0,1	0,50-1,00	2,40 - 3,00	0,05 - 0,20	<0,25	<0,2
Zusatzwerkstoff									
SG-AlSi5	3.2245	5,0	<0,4	-	<0,05	-	-	<0,1	-

Tabelle 5.3: Grund- und Zusatzwerkstoff für Schweißversuche an CrNi-Stahl

Bezeichnung Werkstoff		Schmelzenanalyse [% Massenanteil]								
		C ≤	Si ≤	Mn ≤	P ≤	S ≤	Cr ≤	Mo ≤	Ni ≤	N ≤
Grundwerkstoff										
X5CrNi18-10	1.4301	0,07	1,0	2,0	0,045	0,015	17,0 - 19,5	-	8,0 - 10,5	0,11
Zusatzwerkstoff										
SG X2CrNi199	1.4316	0,02	0,8	1,7	-	-	20	-	10	-

Tabelle 5.4: Parameter für die durchgeführten Schweißversuche

Werkstoff	Lichtbogen	Schutzgas	v_D [m/min]	I_S [A]	U_S [V]	SKD-WST [mm]	v_S [m/min]
Aluminium	KLB	Ar 4.6	5,6-6,0	85 - 105	15,4 - 18,7	15	0,3-0,4
Aluminium	ILB	Ar 4.6	5,6-6,0	120 - 130	18,7 - 21,4	15	0,3-0,4
CrNi-Stahl	KLB	97,5 % Ar + 2,5 % CO_2	4	134	20,7	15	0,25
CrNi-Stahl	ILB	97,5 % Ar + 2,5 % CO_2	5,6	161	22,8	15	0,25
CrNi-Stahl	SLB	97,5 % Ar + 2,5 % CO_2	7,8	230	30	15	0,4

6 Analyse von Gasströmung und Schutzgasabdeckung

6.1 Brennerinterne Schutzgasführung

6.1.1 Entstehung turbulenter Strömungsstrukturen

Der Aufbau von MSG-Schweißbrennern wird im Wesentlichen mit dem Ziel ausgelegt, dass eine möglichst gleichmäßige und laminare Schutzgasströmung und damit eine qualitativ hochwertige Gasabdeckung entsteht. Es konnte sowohl durch Schlierenaufnahmen als auch durch Sauerstoffmessungen nachgewiesen werden, dass verschiedene Brennersysteme bei gleicher Gasmenge und gleichem Gasdüsendurchmesser zu unterschiedlichem Turbulenzverhalten und ungleichen Kontaminationen durch Umgebungsluft führen. Der Vergleich von Brenner B und C in Schlierenuntersuchungen zeigt, dass der Übergang von einem weitgehend laminaren Schutzgasfreistrahl zu einem turbulenten Strömungsverhalten trotz gleichen Gasdüsendurchmessers bei unterschiedlichen Gasmengen erfolgt. Während der Bereich unter der Gasdüse bei Brenner B auch bei 12-16 l/min Schutzgas noch weitgehend ruhig ist, sind bei Brenner C bereits bei etwa 8 l/min turbulente Strömungseigenschaften zu erkennen, vgl. Abbildung 6.1.

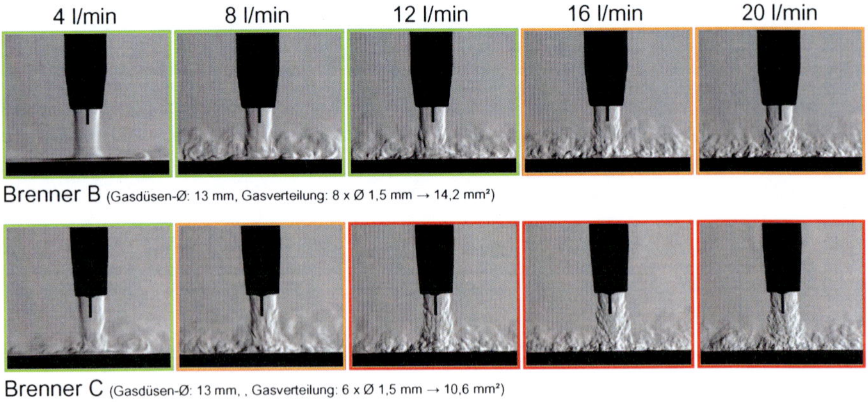

Abbildung 6.1: Schlierenaufnahmen am Schutzgasfreistrahl (100% CO_2) der Brenner B und C bei verschiedenen Schutzgasmengen

Diese Turbulenzen führen zu einer verstärkten Kontamination der Schutzgasabdeckung. Der quantitative Nachweis dieser Beeinträchtigung erfolgte durch die Messung der Sauerstoffkonzentration im Schutzgasfreistrahl, vgl. Abbildung 6.2. Die Gasabdeckung von Brenner C ist über den kompletten Gasmengenbereich sehr schmal ausgeprägt. Turbulente Strömungseffekte führen vor allem in den Randbereichen des Freistrahls zur verstärkten Einwirbelung von Umgebungsluft. Im Gegensatz dazu ist die Gasabdeckung von Brenner B sehr gleichmäßig und wesentlich breiter ausgebildet. Eine Verschlechterung der Gasabdeckung konnte für Brenner B auch bei hohen Gasmengen nicht festgestellt werden.

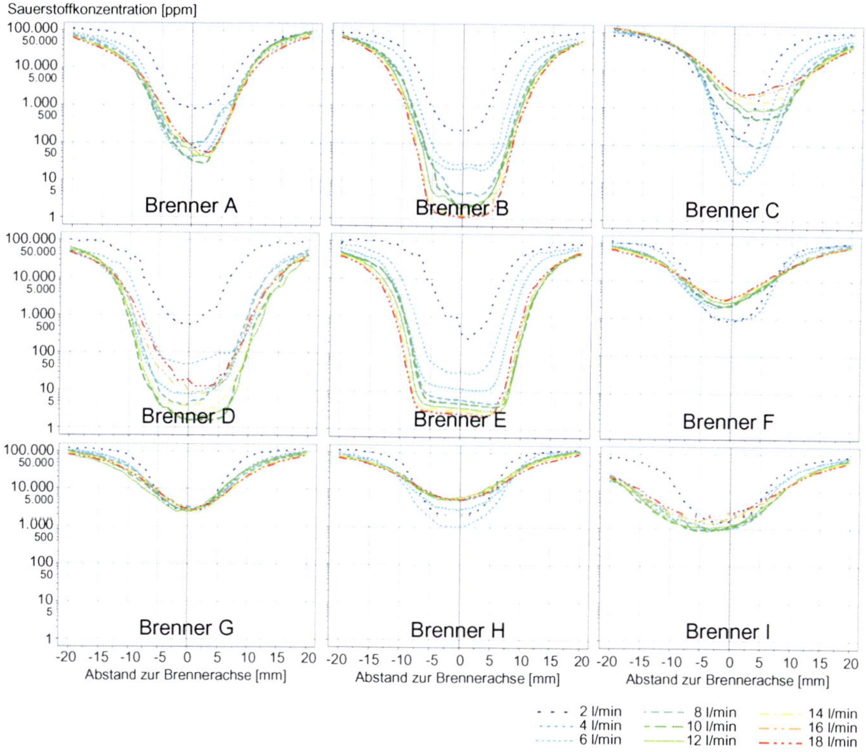

Abbildung 6.2: Vergleich der Schweißbrenner A-I durch Messungen der O_2-Konzentration im Schutzgasfreistrahl ohne Lichtbogen

Die diagnostisch nachgewiesene Vermischung von Schutzgas und Umgebungsluft wird auch durch die Auswertung von Schweißversuchen bestätigt. In Abbildung 6.3 sind neben und zum Teil auch auf der Naht, der mit Brenner C geschweißten Aluminiumprobe, deutliche Rußablagerungen zu sehen.

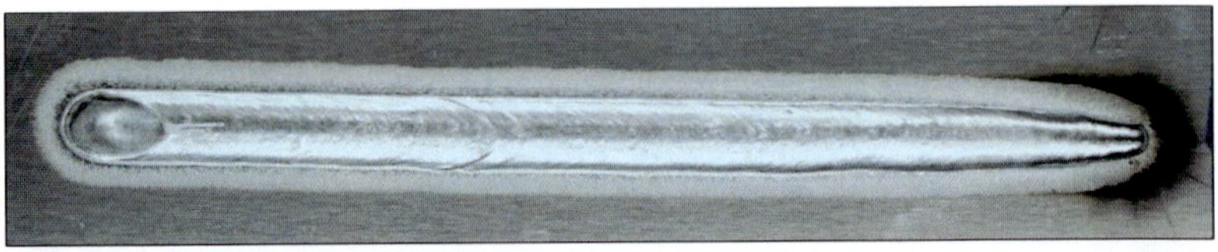

Brenner B - Impulslichtbogen 120 A - 20 l/min

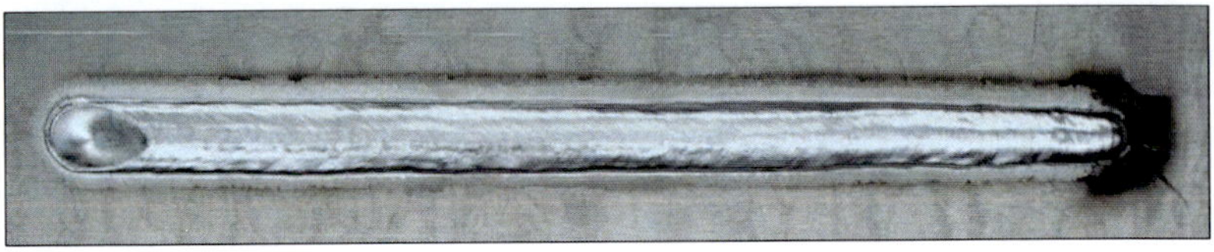

Brenner C - Impulslichtbogen 120 A - 20 l/min

Abbildung 6.3: Schweißergebnis beim Impulsschweißen mit Brenner B und C

Bereits aus dem experimentellen Vergleich der verschiedenen Brennersysteme und deren Gestaltung können erste Konstruktionsempfehlungen abgeleitet werden. Diese werden in Abbildung 6.4 zusammengefasst. Besonders Brenner mit kleinen Strömungsquerschnitten, kurze Roboterbrenner oder Brenner mit zurückstehenden bzw. nicht konzentrisch zum Stromkontaktrohr angeordneten Gasdüsen zeigten in Sauerstoffmessungen eine starke Verunreinigung im Schutzgasfreistrahl, vgl. Abbildung 6.2.

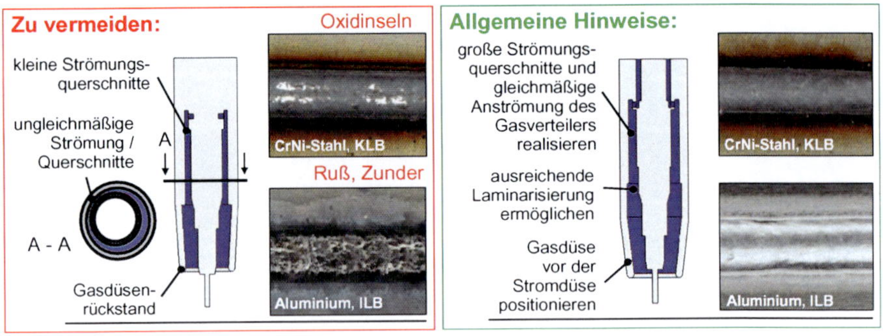

Abbildung 6.4: Allgemeine Empfehlungen für die Gestaltung von MSG-Schweißbrennern

In Abbildung 6.2 wird weiterhin deutlich, dass es bei einigen Schweißbrennern eine kritische Schutzgasmenge gibt, die bei Überschreitung zu einer deutlichen Verschlechterung der Schutzgasabdeckung führt. Die Ursachen für diese Effekte sind mit der Entstehung ungleichmäßiger und turbulenter Strömungsprofile im Brenner zu begründen. Um die Strömung in Schweißbrennern zu verbessern, ist es daher nötig, zum einen die Entstehung dieser ungünstigen Strömungseffekte einzuschränken und zum anderen eine ausreichende Laminarisierung der Schutzgasströmung zu gewährleisten.

Die Laminarisierung einer turbulenten Strömung erfolgt über die Zeit, in der immer kleiner werdende Wirbel abgebaut werden können. In der Folge sind Strömungsräume nach dem Gasverteiler, d.h. zwischen Düsenstock und Schutzgasdüse, möglichst groß, ohne behindernde Geometrieelemente und über den Brennerumfang gleich auszulegen. Dabei ist es von wesentlicher Bedeutung, dass das Stromkontaktrohr auch nach mehreren Schweißzyklen und entsprechender thermischer Belastung des Brennersystems noch konzentrisch zur Schutzgasdüse ausgerichtet ist.

Bisherige Brennerkonzepte realisieren die Anströmung des Gasverteilers im oberen Brennerbereich mit Hilfe einzelner Nuten oder Bohrungen. Die Aufgabe des Gasverteilers ist die gleichmäßige Verteilung dieser ungleichmäßigen Strömung über den Umfang der Schutzgasdüse. Hierzu wird der Druck innerhalb des Gasverteilers gegenüber dem Druck im Außenbereich angehoben. Dies wird durch einen geringen Querschnitt der Bohrungen im Verteiler realisiert.

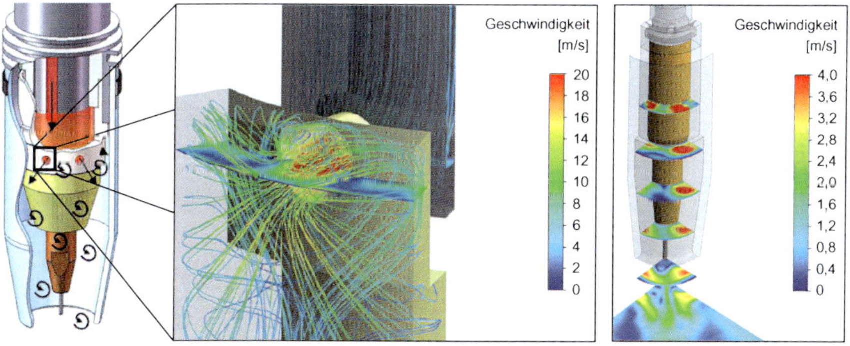

Abbildung 6.5: Strömung an einer Bohrung des Gasverteilers, links und Geschwindigkeitsunterschiede bis zum Werkstück, rechts (Brenner B, 90°-Modell mit Gasverteilung, Freistrahlströmung ohne Lichtbogen, Argon 18 l/min)

Um die Strömungseffekte am Gasverteiler zu visualisieren, wurde die numerische Strömungssimulation angewendet. Wie in Abbildung 6.5, links dargestellt, entstehen auf Grund der durch den Gasverteiler bewirkten Druckdifferenz bzw. auf Grund des geringen Strömungsquerschnitts hohe Strömungsgeschwindigkeiten in den Bohrungen des Gasverteilers. Dies führt zur Entstehung von Wirbeln, welche abgelöst werden und instationäre Effekte bewirken. Die Strömungsgeschwindigkeiten in den Bohrungen können je nach Brennertyp und Gasmenge bis zu 80 m/s betragen. Simulationsrechnungen visualisieren weiterhin, inwieweit ungleichmäßige Strömungsprofile und Turbulenzen durch den Brenner zum Werkstück befördert werden und dort die Schutzgasabdeckung beeinträchtigen, vgl. Abbildung 6.5 rechts.

In Abbildung 6.6 sind die gemessenen und die durch das Modell berechneten Sauerstoffkonzentrationen am Werkstück in Abhängigkeit der Schutzgasmenge dargestellt. Zunächst ist auf die gute Korrelation von Messung und Simulation hinzuweisen. Sowohl Experiment als auch Simulation verdeutlichen, dass sich die Qualität der Gasabdeckung mit steigenden Gasmengen im Mittel verbessert. Die Strömung bildet sich sehr gleichmäßig aus und die Bildung von Turbulenzen ist gering. Mit steigender Schutzgasmenge nimmt das transiente Verhalten zu. Turbulenzen und Wirbelfelder bestimmen in zunehmendem Maße die Strömungscharakteristik, was durch die farblich gekennzeichneten Bereiche in den Ergebnissen der Simulation deutlich wird.

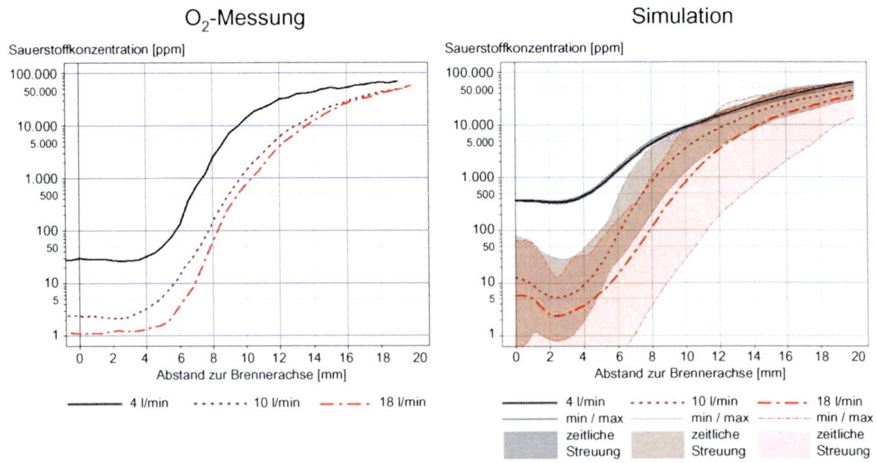

Abbildung 6.6: Messung und Simulation der Sauerstoffkonzentration am Werkstück in Abhängigkeit der Schutzgasmenge (Brenner B, 90°-Modell mit Gasverteilung, Freistrahlströmung ohne Lichtbogen)

Um die Ursache für das transiente Verhalten bei hohen Gasmengen zu verstehen, muss die Gasströmung im Brenner analysiert werden, vgl. Abbildung 6.7. Es wird deutlich, dass hohe Schutzgasmengen auf Grund der Strömungsverhältnisse am Gasverteiler zu einer zunehmend ungleichmäßigen Strömung im Brenner führen sowie verstärkte Instationäritäten erzeugen. Diese Effekte setzen sich bis zum Werkstück fort und bewirken dort eine unruhige Strömung, die nicht zur Ausbildung einer stabilen, gleichbleibenden Schutzgasabdeckung führt.

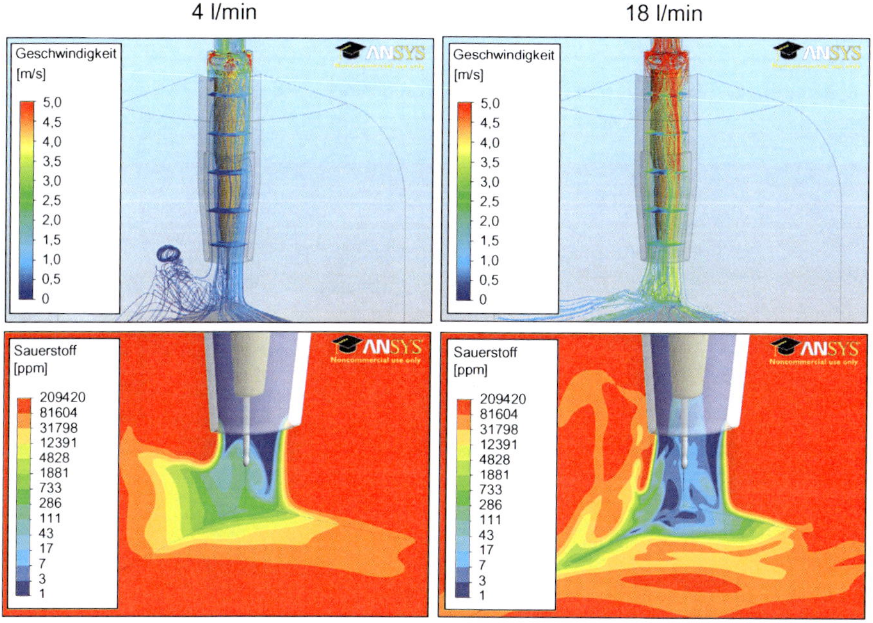

Abbildung 6.7: Simulation der Gasströmung im Brenner und der Schutzgasabdeckung am Werkstück in Abhängigkeit der Schutzgasmenge (Brenner B, 90°-Modell mit Gasverteilung, Freistrahlströmung ohne Lichtbogen)

Messung und Simulation zeigen jedoch, dass die Strömungsgeometrie von Brenner B geeignet ist, auch hohe Schutzgasvolumenströme noch relativ gleichmäßig zu verteilen und Turbulenzen bis zum Werkstück so weit abzubauen, dass trotz des zeitbestimmten Verhaltens eine im Mittel hochwertige Gasabdeckung im Freistrahl realisiert werden kann. Maßgebend für diese Fähigkeit des Brenners ist die Geometrie der brennerinternen Strömungsräume und damit die in Abbildung 6.4 gegebenen Hinweise für die Brennerkonstruktion. Wird die Strömung zu ungleichmäßig über den Brennerumfang verteilt oder sind die Strömungsquerschnitte zu klein, wird ein kritischer Turbulenzgrad überschritten, was zu einer Verschlechterung der Schutzgasabdeckung mit steigenden Gasmengen führt. Dies ist in Abbildung 6.2 für die Brenner A, C, D, F, H und I festzustellen.

Um den Einfluss der Gasverteilung auf die Schutzgasabdeckung vertieft zu untersuchen, wurden Demonstratoren mit verschiedenen Bohrungsgrößen im Gasverteiler aufgebaut. Durch die Messung der Sauerstoffkonzentration am Werkstück, vgl. Abbildung 6.8 und Auswertung von Simulationen, vgl. Anlage 5 konnte nachgewiesen werden, dass die Geometrie des Gasverteilers einen entscheidenden Einfluss auf die Ausbildung von Strömung und Gasabdeckung am Werkstück hat.

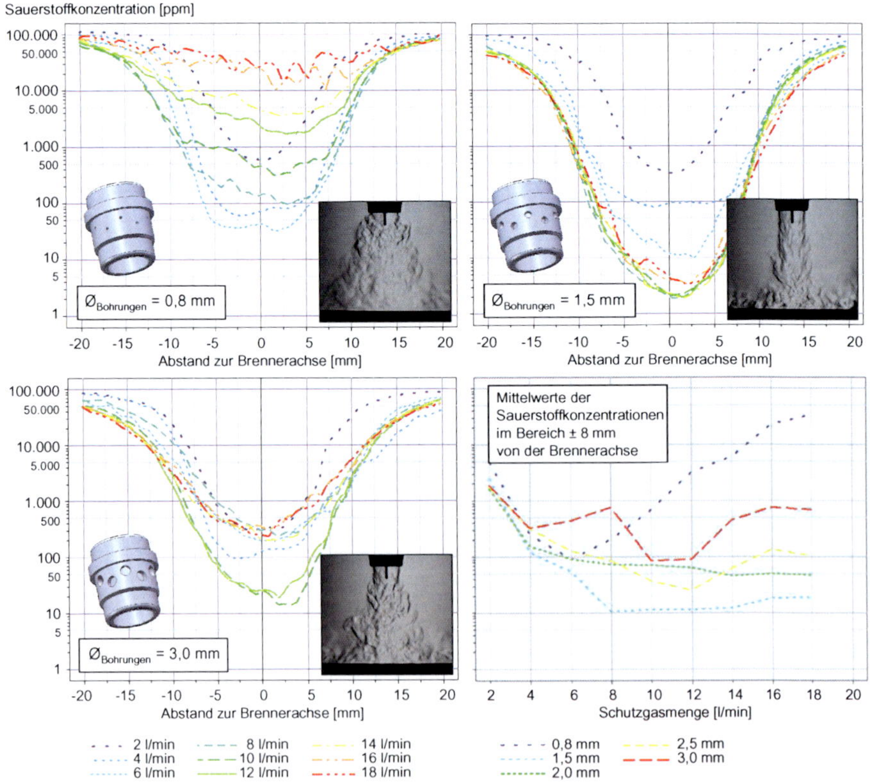

Abbildung 6.8: Messung der Sauerstoffkonzentration und Schlierenaufnahmen in Abhängigkeit der Bohrungsgrößen am Gasverteiler und verschiedenen Gasmengen (Brenner D)

In Abhängigkeit der Brennergeometrie gibt es geeignete Durchmesser der Bohrungen im Gasverteiler, welche die Entstehung von Turbulenzen, ungleichmäßiger Strömungsprofile und damit auch die Beeinträchtigung der Schutzgasabdeckung am Werkstück minimieren. Die Bohrungen sollten dabei groß genug sein, um zu hohe Strömungsgeschwindigkeiten und damit das Entstehen großer Turbulenzen zu vermeiden. Gleichzeitig müssen diese Durchmesser klein genug sein, um eine Druckerhöhung oberhalb des Gasverteilers zu realisieren und damit die gleichmäßige Verteilung des Schutzgases über den Brennerumfang zu gewährleisten. Eine konkrete Angabe für eine optimale Bohrungsanzahl und -größe in Abhängigkeit der Gasmenge konnte nicht erarbeitet werden, da dies auf Grund der Brennerkonstruktion von Brenner zu Brenner variiert. Es lässt sich aber verallgemeinern, dass je gleichmäßiger der Gasverteiler angeströmt wird, die Bohrungen im Gasverteiler demnach umso größer ausgelegt werden können und die Kontamination des Schutzgases auf Grund turbulenter Strömungseffekte infolge hoher Strömungsgeschwindigkeiten umso geringer sind. Je besser die Verteilung des Schutzgases im Brenner erfolgt und je gleichmäßiger die Strömung aus dem Gasverteiler austritt, umso weniger Zeit muss dem Gas zur Verfügung gestellt werden um sich zu laminarisieren und turbulente Strömungsstrukturen abzubauen. Für die Brennerkonstruktion heißt das, dass eine hochwertige Gasverteilung die Bedingung für die Konstruktion kurzer Brenner und damit für eine gute Zugänglichkeit ist.

Gerade für Schweißaufgaben an empfindlichen Werkstoffen ist auf Grundlage der durchgeführten Untersuchungen zu schlussfolgern, dass neben dem Einstellen unterschiedlicher Gasmengen infolge verschiedener Stromstärken vom Brennerhersteller zusätzlich eine Variation des Gasverteilers empfohlen werden sollte. So könnten die Bohrungen im Verteiler beispielsweise für geringe Stromstärken und niedrigere Gasmengen kleiner ausgelegt werden, um eine verbesserte Verteilung des Gases über den Brennerumfang zu realisieren. Der Effekt der Geschwindigkeitserhöhung durch die Verkleinerung der Bohrungen tritt bei geringen Gasmengen nicht so stark in den Vordergrund. Für hohe Stromstärken und hohe Gasmengen sind die Bohrungen im Verteiler dagegen zu vergrößern, so dass zu hohe Strömungsgeschwindigkeiten in den Bohrungen und die daraus resultierenden Turbulenzen vermieden werden. Durch das Angebot mehrerer Gasverteiler für einen Brenner könnte so ein Optimum aus gleichmäßiger Gasverteilung und Reduzierung von Turbulenzen erreicht werden. Weiterhin sollten Gasverteiler vorzugsweise mit vielen kleinen Bohrungen ausgelegt werden, so dass in Summe eine ausreichende Gesamtströmungsfläche, aber gleichzeitig eine gute Gasverteilung über den Brennerumfang erfolgen kann.

6.1.2 Erarbeitung alternativer Gasverteilungskonzepte

In Kapitel 6.1.1 wurde bereits erläutert inwiefern ungleichmäßige Strömungen bzw. hohe Turbulenzen und Instationäritäten auf Grund hoher Strömungsgeschwindigkeiten in den Bohrungen des Gasverteilers die Qualität der Gasabdeckung am Werkstück reduzieren können. Gerade für kurze Brenner mit guter Zugänglichkeit oder wassergekühlte Systeme mit begrenztem Bauraum im oberen Brennerbereich wurden daher Möglichkeiten entwickelt die Gasströmung bereits oberhalb des Gasverteilers gleichmäßig über den Brennerumfang zu verteilen, Abbildung 6.9.

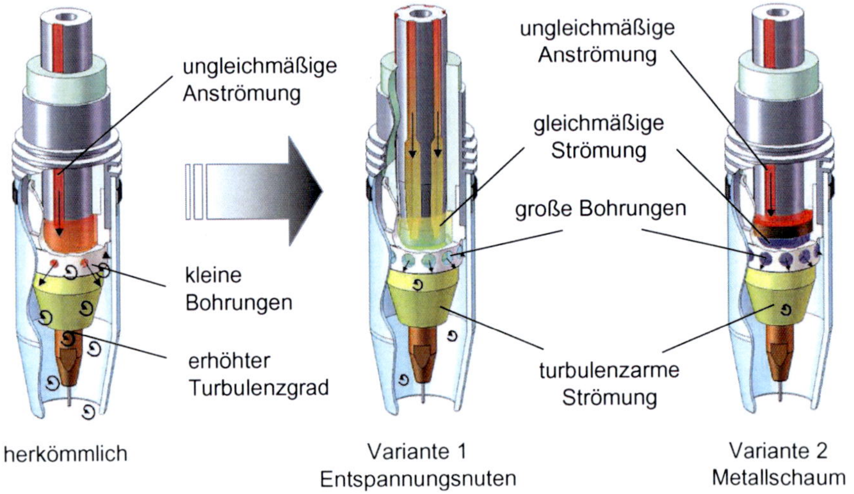

Abbildung 6.9: Konstruktionsvarianten zur Realisierung der gleichmäßigen Gasverteilung im oberen Brennerbereich

Die erste Variante realisiert das Abbauen hoher Strömungsgeschwindigkeiten durch gleichmäßig über den Brennerumfang verteilte Entspannungsnuten oberhalb des herkömmlichen Gasverteilers. Dem Gas wird durch die Vergrößerung des Strömungsquerschnittes die Zeit gegeben, die für das Abbauen von Turbulenzen notwendig ist. Aus fertigungstechnischer Sicht ist die Umsetzung von Entspannungsnuten allerdings mit hohem Aufwand verbunden und kann infolge von konstruktiven Restriktionen nicht bei allen Brennersystemen angewendet werden.

Die in Abbildung 6.9 als Variante 2 beschriebene Verwendung von porösen Materialien, z. B. von metallischen Schäumen oder Sinterwerkstoffen, ist fertigungstechnisch einfacher und universeller zu realisieren. Der Druck wird dabei in einer ausreichend groß dimensionierten Ringnut oberhalb des Metallschaums aufgebaut und die Strömung gleichmäßig über den Umfang verteilt. Die Anströmung dieser Ringnut kann dabei sehr ungleichmäßig und in kleinen Strömungsquerschnitten erfolgen, so dass die Anwendung des Konstruktionsprinzips auch für kurze, wassergekühlte Brenner von Vorteil ist. Der durch den porösen Werkstoff aufgebaute Druck ist relativ hoch und das Schutzgas tritt ohne große Geschwindigkeitsgradienten aus dem Sintermaterial aus. Die Bohrungen im Gasverteiler können demnach wesentlich größer oder in größerer Anzahl dimensioniert werden. Da die Gasverteilung jetzt bereits oberhalb des eigentlichen Gasverteilers erfolgt, ist die Aufgabe des herkömmlichen Gasverteilers nun vielmehr die eines Spritzerschutzes. Im Rahmen der Untersuchungen wurde ein Demonstrator aufgebaut, der die Gasverteilung durch den Einsatz eines metallischen Schaumes realisiert. Messergebnisse an diesem Demonstrator belegen das Potential eines geschäumten Materials zur Strömungslaminarisierung an MSG-Schweißbrennern.

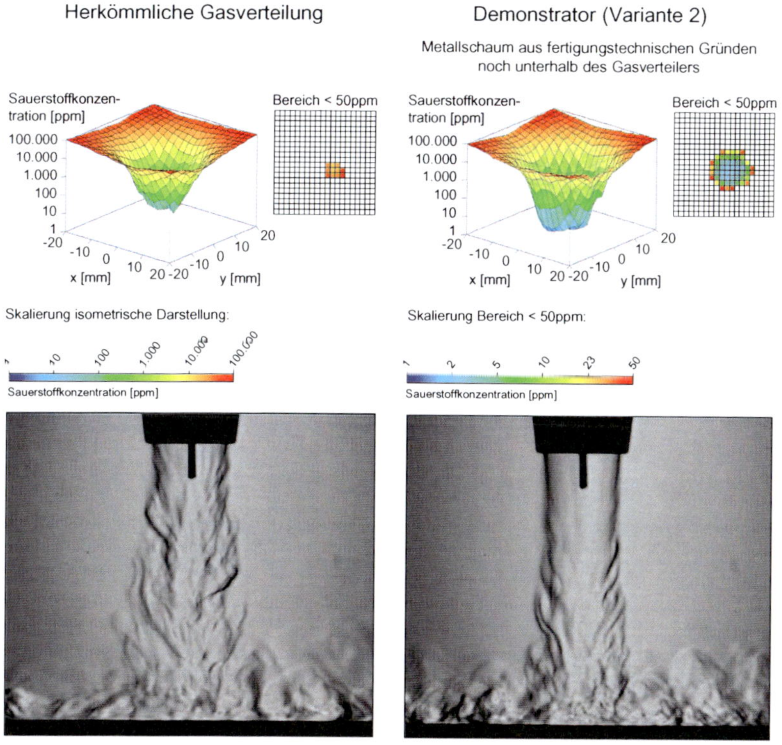

Abbildung 6.10: Messung der Sauerstoffkonzentration am Werkstück und Schlierenaufnahmen an Brenner D mit herkömmlicher Gasverteilung und nach Integration eines Metallschaums (Demonstrator auf Grundlage von Brenner D, 18 l/min Argon)

6.1.3 Einfluss der brennerinternen Gasführung auf das Spülverhalten

Um das Spülverhalten von Brennersystemen zu untersuchen, wurden Sauerstoffmessungen bei verschiedenen Gasmengen und verschiedenen Pausenzeiten durchgeführt. Abbildung 6.11 zeigt exemplarisch das Spülverhalten von Brenner E bei verschiedenen Pausenzeiten.

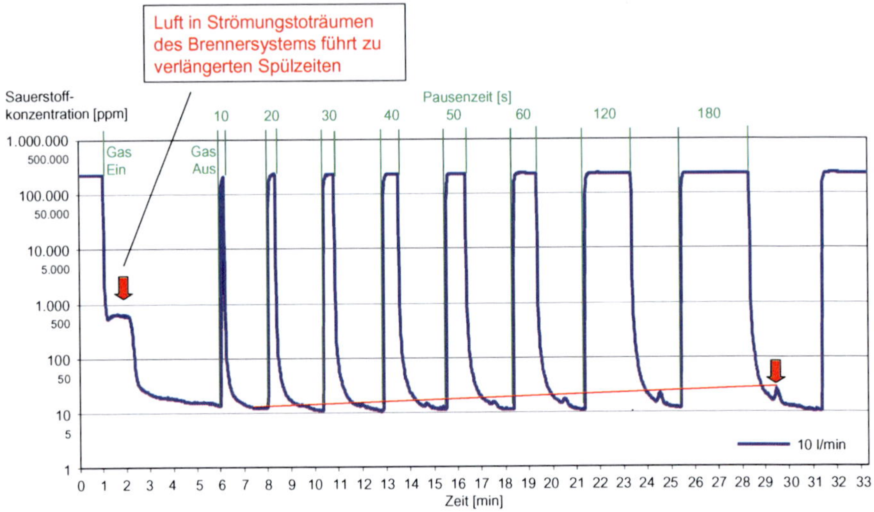

Abbildung 6.11: Ergebnis der Sauerstoffmessung für das Spülverhalten von Brenner E in Abhängigkeit der Pausenzeit (Freistrahlströmung ohne Lichtbogen, gemessen i.d. Brennerachse)

Der vor dem Einströmen des Schutzgases vollständig mit Luft gefüllte Schweißbrenner benötigt mehrere Minuten Gasspülzeit bis eine für den Schweißprozess ausreichend hohe Qualität der Schutzgasabdeckung gewährleistet ist. Es wird deutlich, dass die sich im Brenner befindende Luft nicht einfach ausgespült wird, sondern dass sich in Strömungstoträumen hohe Luftkonzentrationen halten, die das in Abbildung 6.11 markierte Plateau bewirken. Wird die Schutzgaszufuhr für 10 s unterbrochen, nachdem der Brenner vollständig gespült wurde, ist in den Messwerten des zweiten Spülvorgangs kein derartiges Plateau zu erkennen. Mit steigenden Pausenzeiten werden Toträume wieder stärker mit Luft kontaminiert und das Plateau bildet sich allmählich heraus. Im Hinblick auf einen kurzen effektiven Gasspülprozess sollten brennerinterne Strömungstoträume konstruktiv vermieden werden.

6.2 Interaktion von Prozess und Schutzgasfreistrahl

6.2.1 Grundlegende Strömungscharakteristik

Um die Ausbildung der Schutzgasströmung und der daraus resultierenden Gasabdeckung am Werkstück analysieren zu können, ist es notwendig die Wechselwirkung von Prozess und Gasströmung zu kennen und in den Schlussfolgerungen zu berücksichtigen. Durch PIV-Aufnahmen wird deutlich, dass sich im Schutzgasfreistrahl ohne Lichtbogen ein relativ großes Totwassergebiet unter dem Stromkontaktrohr ausbildet, vgl. Abbildung 6.12, links. Dieses Totwassergebiet wird auch durch die in der Sauerstoffmessung sichtbaren Bereiche niedriger Sauerstoffkonzentrationen gekennzeichnet, vgl. Abbildung 6.12, rechts.

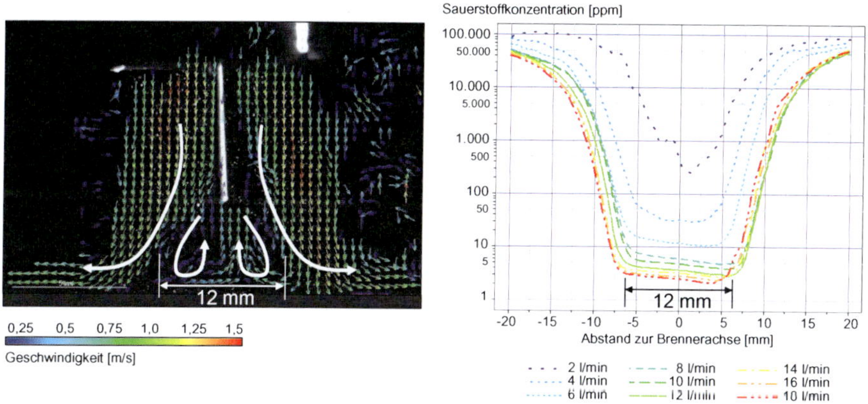

Abbildung 6.12: PIV-Aufnahme bei 18 l/min Argon ohne Lichtbogen, links und Messung der Sauerstoffkonzentration am Werkstück, rechts (Brenner E)

Bei Untersuchungen am realen Schweißprozess konnte das beschriebene Totwassergebiet sowohl mit den diagnostischen Methoden als auch in der Simulation nicht mehr nachgewiesen werden, so dass geschlussfolgert wird, dass sich die Strömungsverhältnisse am Werkstück durch die Wechselwirkungen mit dem Lichtbogen grundlegend ändern.

Um diese Wechselwirkungen zwischen der Schutzgasströmung und dem Lichtbogen zu verstehen, wurde das in Kapitel 4.2.1 beschriebene MHD-Modell angewendet und die Strömungseffekte visualisiert. Die Simulationsergebnisse zeigen in Übereinstimmung mit den Messungen, dass sich ohne Lichtbogen unter dem Stromkontaktrohr ein relativ großes Totwassergebiet entwickelt, vgl. Abbildung 6.13, links. Kontaminationen mit Atmosphärengasen werden in diesem Totwassergebiet zum Teil sehr lange erhalten.

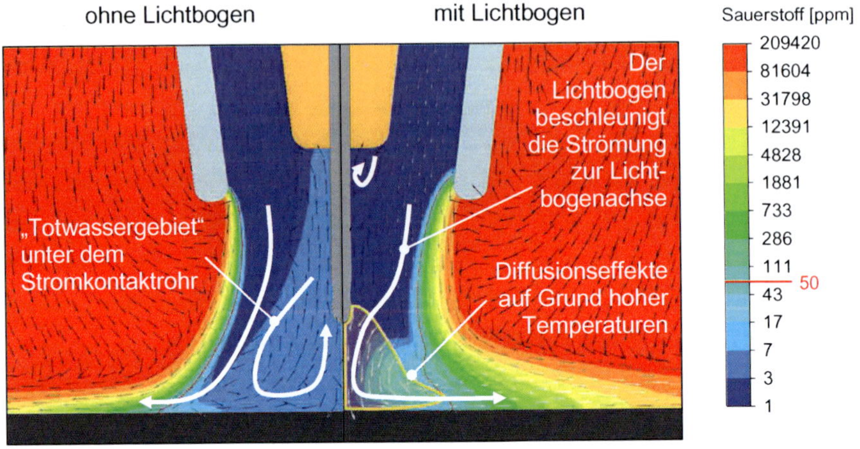

Abbildung 6.13: Schutzgasströmung am Werkstück ohne (links) und mit Lichtbogen (rechts) (6°-Modell, 200A, 10 l/min Argon)

Unter Berücksichtigung des Lichtbogens ändert sich das Strömungsfeld grundlegend, vgl. Abbildung 6.13, rechts. So wird durch die Widerstandserwärmung im Lichtbogen das Schutzgas erwärmt. Durch die Lorentzkraft wird das Gas zur Lichtbogenachse hin beschleunigt und erreicht Geschwindigkeiten von mehreren hundert Metern je Sekunde. Auf Grund der Druck- und Dichteverhältnisse im Plasma handelt es sich jedoch nicht um eine Überschallströmung. Das ohne Lichtbogen nachgewiesene Totwassergebiet wird stark verkleinert und beschränkt sich auf einen sehr kleinen Bereich unter dem Stromkontaktrohr. In Abbildung 6.13, rechts ist besonders im unteren Lichtbogenbereich eine hohe Kontamination des Schutzgases zu erkennen, welche nicht durch die Strömung, sondern durch Diffusionseffekte verursacht wird. Diese Diffusionsprozesse sind im heißen Bereich des Lichtbogens um ein Vielfaches größer als bei Raumtemperatur. Die Verwendung der in Kapitel 4.2.1 beschriebenen temperaturabhängigen Diffusionskoeffizienten ist daher für die Betrachtung der Vermischung von entscheidendem Einfluss.

Da die Gasströmung sehr stark durch den Prozess beeinflusst wird, wurde die Ausbildung der Schutzgasabdeckung in Abhängigkeit der Schweißstromstärke für verschiedene Schutzgasmengen untersucht, Abbildung 6.14. Die Simulationsergebnisse aller Variationen von Gasmenge und Stromstärke sind in Anlage 6 dargestellt. Im Allgemeinen ist immer derselbe Effekt sichtbar. Mit zunehmender Stromstärke wird das Gas auf Grund der höheren Lorentzkräfte stärker zur Lichtbogenachse beschleunigt und die Qualität der Gasabdeckung wird vor allem bei kleineren Schutzgasmengen in den Randbereichen reduziert. Dies ist auch auf verstärkte Diffusionseffekte in Folge höherer Gastemperaturen zurückzuführen. Beeinträchtigungen der Gasabdeckung durch hohe Stromstärken sind daher in der Praxis mit höheren Schutzgasvolumenströmen zu kompensieren. Die Ergebnisse der Untersuchungen bestätigen damit die allgemeinen Empfehlungen aus dem Stand der Technik, vgl. Kapitel 2.1.4.

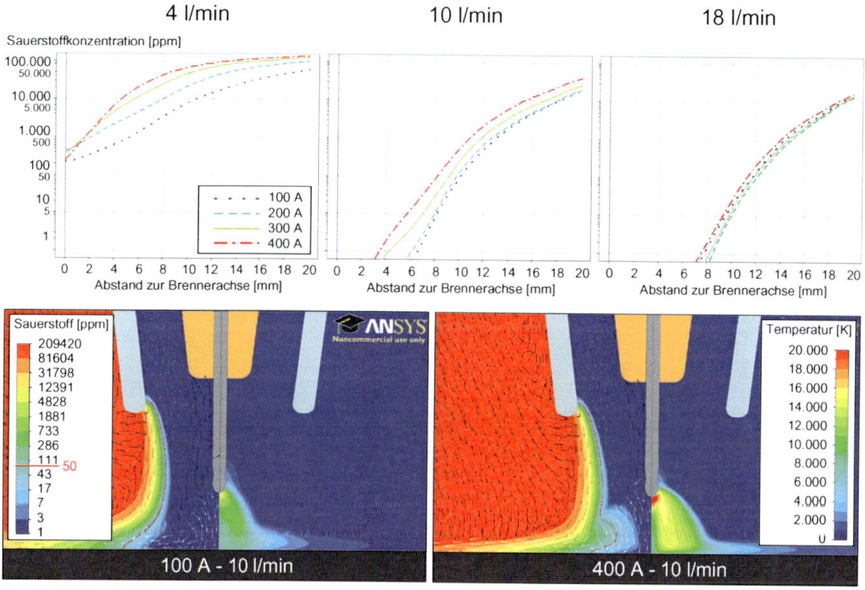

Abbildung 6.14: Beeinflussung der Schutzgasabdeckung durch die Variation der Stromstärke bei verschiedenen Gasmengen (6°-Modell)

Weiterhin wurde festgestellt, dass das zeitbestimmte, ungleichmäßige und turbulente Strömungsverhalten im Schutzgasfreistrahl, welches wie in Kapitel 6.1.1 beschrieben durch die Strömungsgeometrie im Schweißbrenner entsteht, durch die Wechselwirkungen mit dem Lichtbogen gleichmäßiger wird und sich ein stationäres Strömungsverhalten einstellt. Ein Vergleich der in der Simulation ermittelten Sauerstoffkonzentrationen im Schutzgasfreistrahl ohne und mit Lichtbogen ist in Abbildung 6.15 dargestellt. Auch durch ein LES-Turbulenzmodell konnten unter

Berücksichtigung des Lichtbogens keine zeitbestimmten Strömungseffekte nachgewiesen werden. Die Ursache für diese Änderung im Strömungsverhalten wird auf Grundlage der modellbasierten Analysen auf die ansaugende Wirkung des Lichtbogens und die temperaturbedingte Expansion der Gase zurückgeführt. Auf diese Weise stabilisiert der Lichtbogen die Strömungsablösung unter dem Stromkontaktrohr, so dass der Ausbildung von instationären Wirbelfeldern entgegengewirkt wird.

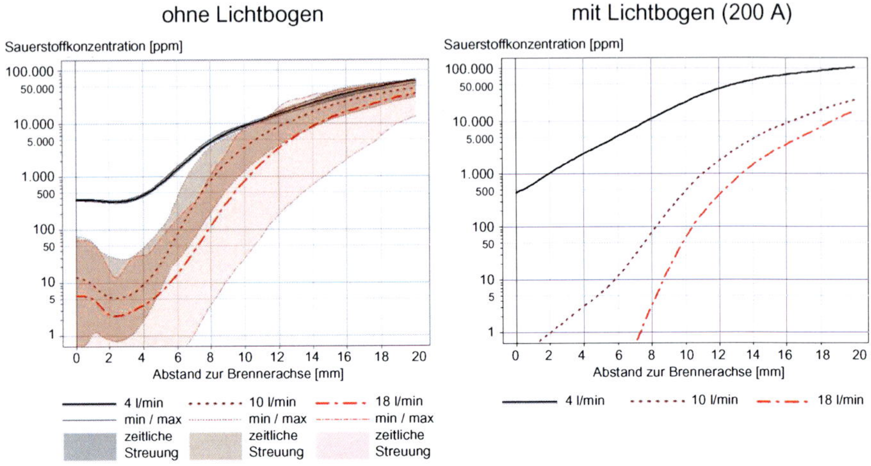

Abbildung 6.15: Simulation der Sauerstoffkonzentration am Werkstück für die Freistrahlströmung ohne Lichtbogen (links) und mit Lichtbogen (rechts) in Abhängigkeit der Schutzgasmenge (Brenner B, 90°-Modell mit Gasverteilung)

Durch die Simulation kann weiterhin gezeigt werden, dass auch durch Umgebungsluft kontaminiertes Gas in die Lichtbogenachse und damit in den Prozessbereich beschleunigt wird, wenn dem Ansaugverhalten des Lichtbogens nicht mit einer ausreichend großen Schutzgasmenge entsprochen wird. Dieser Effekt wird durch die Visualisierung von Stromlinien dargestellt, welche durch einen definierten Bereich in der Lichtbogenumgebung führen, vgl. Abbildung 6.16. Es wird abgeleitet, dass Umgebungsluft nicht durch eine aus hohen Gasmengen bzw. hohen Strömungsgeschwindigkeiten resultierende Injektorwirkung an der Gasdüse in die Schutzgasströmung eingesogen wird, sondern dass Luft durch die Kräfte des Lichtbogens bei zu geringen Gasmengen in den Prozessbereich gelangt.

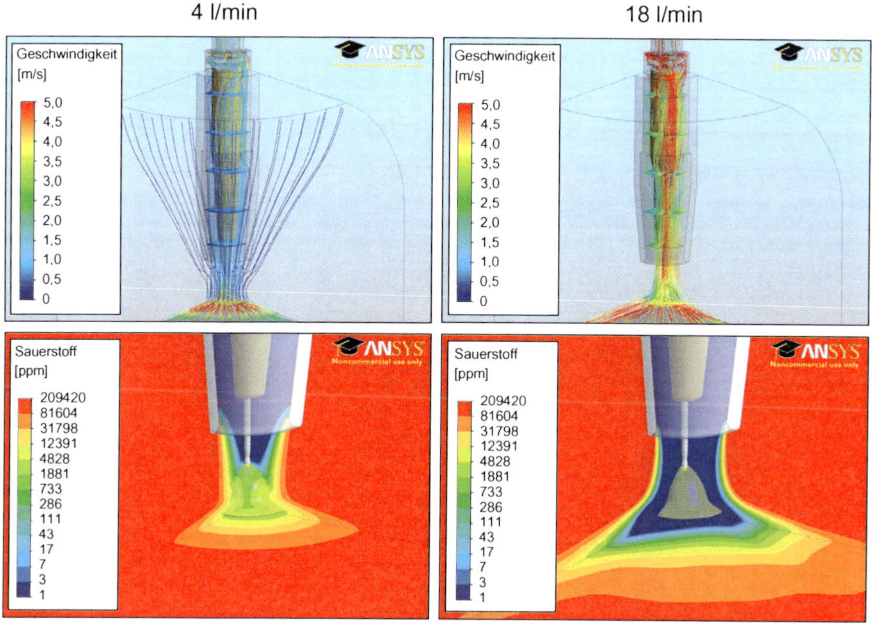

Abbildung 6.16: Analyse der Strömungsausbildung im Schweißbrenner und der daraus resultierenden Gasabdeckung am Werkstück bei Variation der Schutzgasmenge bei einer Stromstärke von 200 A (Brenner B, 90°-Modell mit Gasverteilung)

Durch die in Diagnostik und Simulation durchgeführten Untersuchungen wird weiterhin visualisiert, dass die Schutzgasabdeckung während des Schweißprozesses keineswegs konstant bleibt, sondern Änderungen im Prozess folgt. Die Gasströmung wird durch Kurzschlüsse, den Werkstoffübergang oder Änderungen im Stromverlauf entscheidend beeinflusst. Zeitbestimmte Berechnungen der Schutzgasabdeckung bei Impulsstromprozessen verdeutlichen, dass sowohl die Strömung als auch die Diffusion nicht nur von der mittleren Stromstärke, sondern auch von der Stromstärke während des Pulses bestimmt werden. Das durch PIV bereits in Kapitel 4.1.1 dargestellte Strömungsverhalten kann durch die Anwendung des numerischen Modells vertiefend untersucht werden, Abbildung 6.17. Es wird geschlussfolgert, dass diese Wechselwirkung zwischen Stromstärkeänderungen und Schutzgasströmung genutzt werden kann, um in Zukunft für atmosphärensensible Schweißaufgaben neue Pulsregime oder speziell an den Pulsprozess angepasste Schweißbrenner zu entwickeln. Im Hinblick auf diese Zielstellung wurden exemplarisch verschiedene Pulsformen mit Hilfe der Simulation untersucht. In diesen Untersuchungen konnten jedoch nur geringe Einflüsse des

Pulsregimes auf die Qualität der Gasabdeckung am Werkstück festgestellt werden. Die dafür verwendeten Pulsformen und die jeweiligen Ergebnisse sind in Anlage 7 aufgeführt.

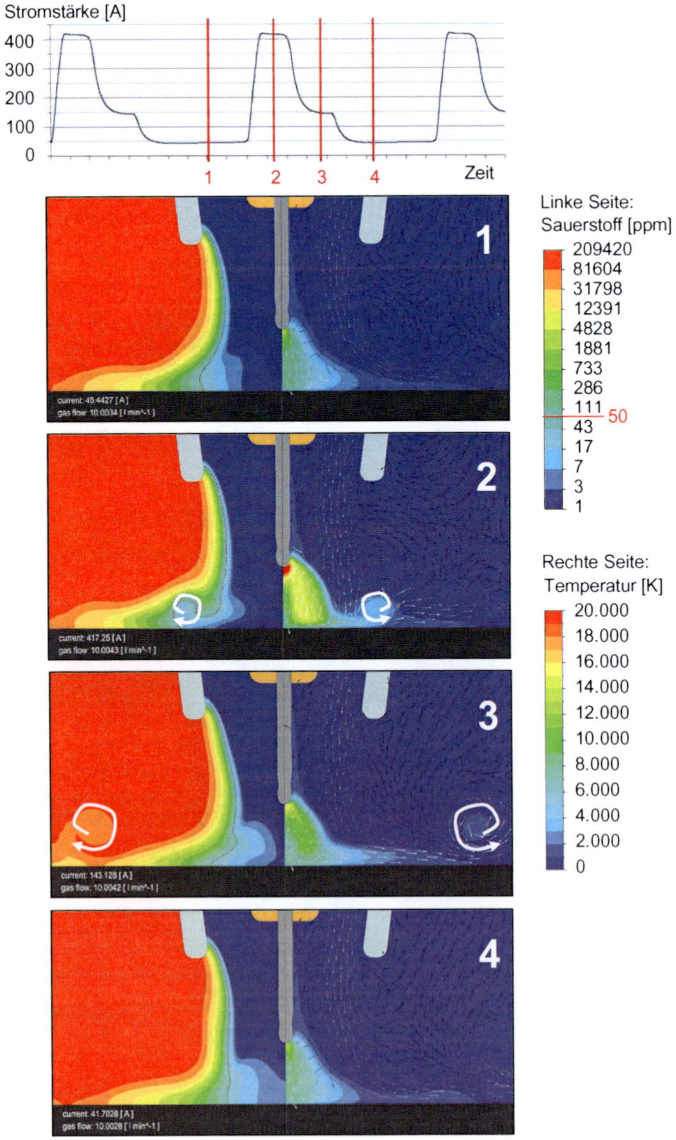

Abbildung 6.17: Beschreibung der Schutzgasströmung bzw. der Gasabdeckung am Werkstück durch die Simulation beim MSG-Impulsschweißen (Brenner B, 6°-Modell, 10 l/min)

6.2.2 Erprobung gradierter Strömungsprofile

Aus den Wechselwirkungen zwischen Gasströmung und Prozess wird abgeleitet, dass die Anströmung des Lichtbogens, und demnach das Strömungsprofil zwischen Kontaktrohr und Gasdüse, einen entscheidenden Einfluss auf die Ausbildung der Schutzgasabdeckung hat. In der Simulation können solche Strömungsprofile als Randbedingung vorgegeben werden ohne das Strömungsprofil durch Geometrieänderungen des Brenners zu beeinflussen. Ziel ist es, den Lichtbogen durch verschiedene Strömungsprofile anzuströmen, die Strömungsausbildung zu visualisieren und die Auswirkung der Anströmung auf die Qualität der Gasabdeckung zu bewerten. Im Rahmen der Arbeit wurden daher drei Strömungsprofile definiert und in Abhängigkeit verschiedener Gasmengen und Stromstärken mit Hilfe des numerischen Modells erprobt. Die Ergebnisse sind in Abbildung 6.18 dargestellt.

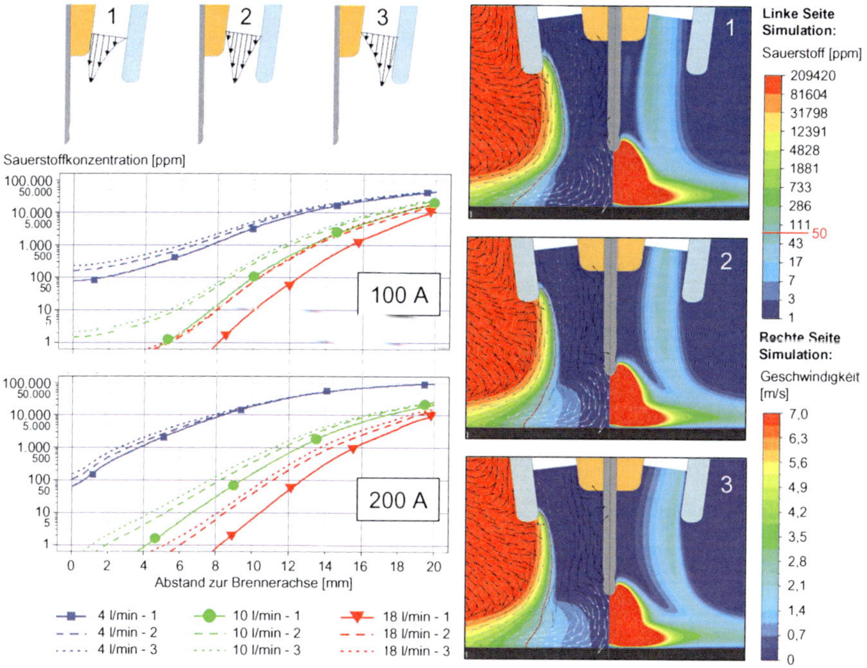

Abbildung 6.18: Simulation der O_2-Konzentration am Werkstück bei Vorgabe verschiedener Geschwindigkeitsprofile, verschiedener Gasmengen und Stromstärken (6°-Modell)

Es wurde herausgearbeitet, dass durch eine langsame Randströmung und einer schnellen Kernströmung dem Ansaugverhalten des Lichtbogens am besten entsprochen werden kann. Hierfür konnte mit Hilfe des numerischen Modells nachgewiesen werden, dass dieses Strömungskonzept unabhängig von Gasmenge und Stromstärke zu einer verbesserten Schutzgasabdeckung führt.

6.2.3 Einfluss von Gasdüsenform und -position

Die in der Simulation mit Hilfe von Randbedingungen vorgegebenen Strömungsprofile müssen in der Praxis durch die Geometrie von Düsenstock, Stromkontaktrohr und Schutzgasdüse realisiert werden. Um die Strömungsverhältnisse an in der Praxis gebräuchlichen Gasdüsen zu untersuchen, wurden die Geometrien herkömmlicher konischer Düsen unterschiedlichen Durchmessers sowie vier Sonderdüsen im Modell abgebildet. Diese Geometrievariationen können in Anlage 2 nachvollzogen werden. Für alle Düsentypen wurden die Stromstärke sowie die Schutzgasmenge variiert.

Die durchgeführten Analysen bestätigen die zuvor grundlegend getroffenen Aussagen zur Lichtbogenanströmung. Es wird jedoch deutlich, dass eine stark konisch geformte Düse den Lichtbogen zwar besser anströmt, aber gleichzeitig den Gasschutz in den äußeren Bereichen auf Grund des geringeren Düsendurchmessers erheblich reduziert, vgl. Abbildung 6.19.

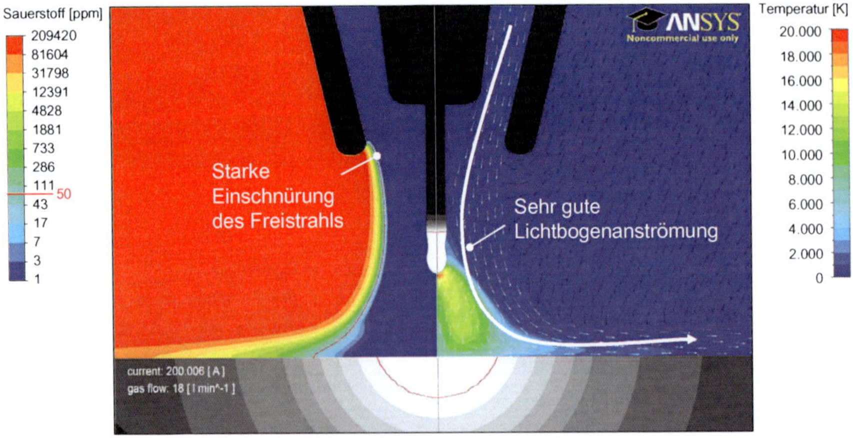

Abbildung 6.19: Simulation der Strömung und der Sauerstoffkonzentration am Werkstück bei Verwendung einer sehr schmalen Gasdüse (6°-Modell, Gasdüse 8 mm, 200 A, 18 l/min Argon)

Im Allgemeinen erzielen breite Gasdüsen im Vergleich zu stark konischen Düsen auch eine breitere, hochwertigere Schutzgasabdeckung. Es wurde jedoch festgestellt, dass Schutzgasdüsen auch zu breit dimensioniert werden können. Dies lässt sich auch durch erhöhte Gasvolumenströme nicht kompensieren. Das Schutzgas strömt am Lichtbogen vorbei, so dass sich unter dem Stromkontaktrohr große Wirbelfelder ausbilden. Das zum Teil kontaminierte Gas wird aus den Randbereichen in den Lichtbogenkern beschleunigt, so dass die gesamte Umgebung des Schweißprozesses kontaminiert wird. Diese Effekte können in Abbildung 6.20 nachvollzogen werden.

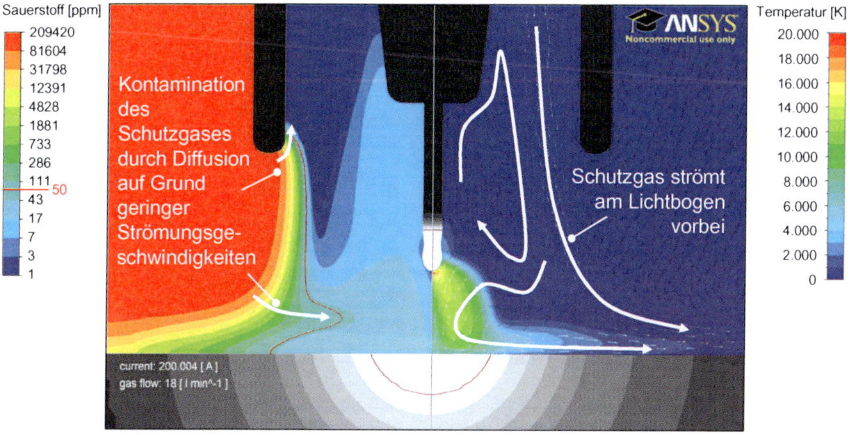

Abbildung 6.20: Simulation der Strömung und der Sauerstoffkonzentration am Werkstück bei Verwendung einer breiten Gasdüse (6°-Modell, Gasdüse 18 mm, 200 A, 18 l/min Argon)

In Abbildung 6.21 ist die durch Sensitivanalysen berechnete Abhängigkeit der Gasabdeckung vom Durchmesser der Gasdüse dargestellt. Gerade für hohe Schutzgasvolumenströme ist eine Verschlechterung der Gasabdeckung durch eine Verbreiterung der Schutzgasdüse festzustellen. Dem Diagramm können prinzipielle Aussagen zum Einfluss von Gasmenge und Gasdüsendurchmesser auf die Breite der Gasabdeckung entnommen werden. Der auf der y-Achse aufgeführte Radius kennzeichnet dabei eine Entfernung zur Brennerachse, in der die Konzentrationen von Sauerstoff in der Simulation kleiner als 50 ppm sind.

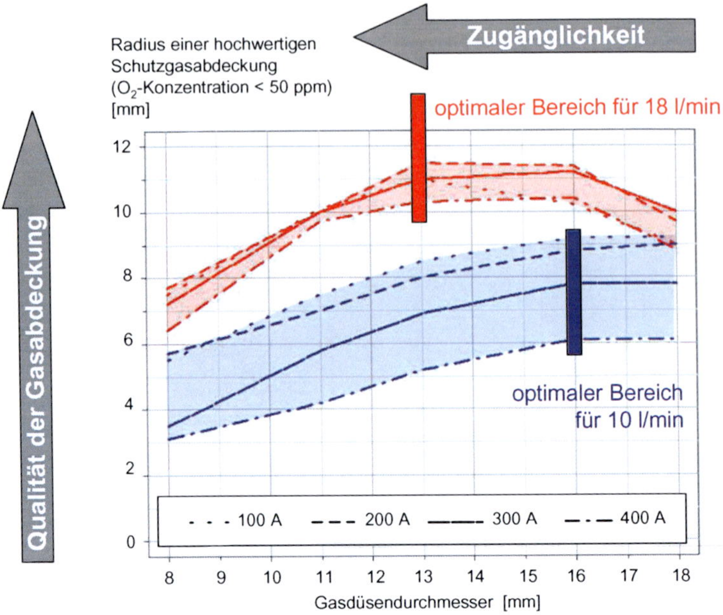

Abbildung 6.21: Einfluss des Gasdüsendurchmessers im Hinblick auf die Zugänglichkeit und die Qualität der Gasabdeckung (Simulation, 6°-Modell)

Für die Auswahl von Gasdüsen in der Fertigung können daher folgende Aussagen zusammengefasst werden:

Ist eine möglichst breite Schutzgasabdeckung erforderlich, kann um den Schweißbrenner mit schlanker Gasdüse eine weitere Gasdüse, ähnlich bekannten Schleppgasdüsen, verwendet werden. Die Lichtbogenanströmung und die äußere Schutzgasabdeckung können auf diese Weise getrennt voneinander realisiert werden, so dass durch die schnelle Kernströmung dem Ansaugverhalten des Lichtbogens entsprochen werden kann ohne den Freistrahl einzuschnüren.

Besteht aus Gründen der Zugänglichkeit das Interesse eine möglichst schlanke Gasdüse einzusetzen, sollte dies mit erhöhten Gasvolumenströmen kompensiert werden, vgl. Abbildung 6.21. Es ist aber darauf zu achten, dass für derartige Anwendungen ein Brenner ausgewählt wird, der durch die Gasverteilung und die brennerinterne Strömungsgeometrie eine möglichst gleichmäßige und laminare Schutzgasströmung auch bei erhöhten Gasmengen gewährleisten kann.

Neben der Schutzgasdüsenform beeinflusst der Abstand zwischen Gasdüse und Werkstück die Qualität der Schutzgasabdeckung. Um den Einfluss der Gasdüsenposition bei konstantem Brennerabstand zu untersuchen, wurden drei Demonstratoren mit verschieden langen Gasdüsen angefertigt, welche sowohl im Modell abgebildet als auch diagnostisch und durch Schweißversuche untersucht wurden.

Sowohl durch Anwendung des numerischen Modells als auch durch Sauerstoffmessungen wurde nachgewiesen, dass die Vergrößerung des Abstandes zwischen Werkstück und Schutzgasdüse bei gleichbleibender Lichtbogenlänge zu einer Reduzierung der Schutzgasabdeckung führt. Abbildung 6.22 zeigt die Ergebnisse der Simulation. Der beschriebene Effekt konnte für alle untersuchten Gasmengen und Schweißstromstärken nachgewiesen werden. Die durchgeführten Schweißversuche belegen diese Aussage, vgl. Abbildung 6.23. Detaillierte Abbildungen aller simulationsgestützten Untersuchungen sind in Anlage 9 aufgeführt.

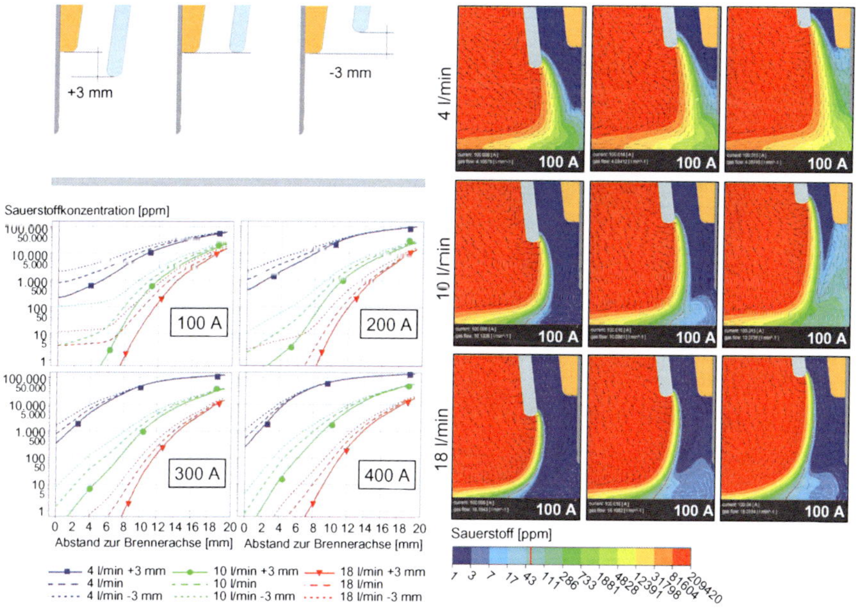

Abbildung 6.22: Einfluss der Schutzgasdüsenposition auf die Sauerstoffkonzentration am Werkstück in Abhängigkeit der Gasmenge und der Stromstärke (6°-Modell)

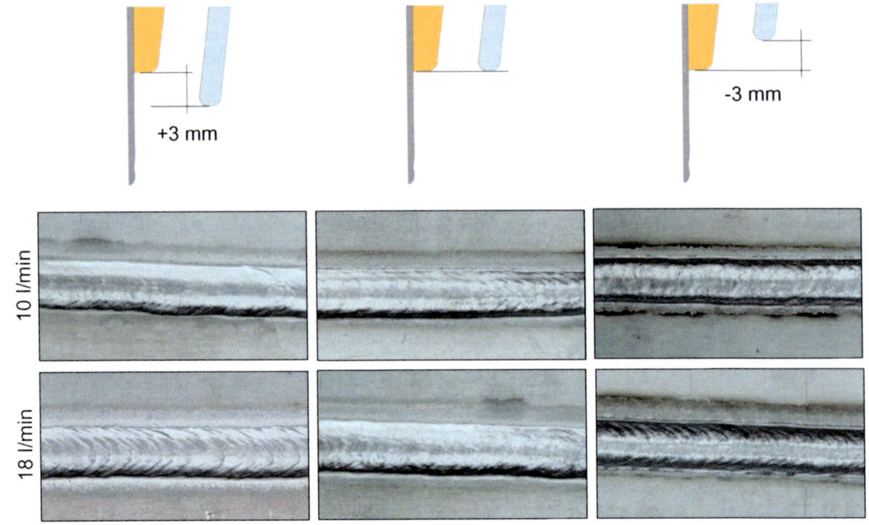

Abbildung 6.23: Einfluss der Schutzgasdüsenposition auf die Qualität der Nahtoberfläche beim Aluminiumschweißen (Impulslichtbogen)

Für die Praxis ist demnach zu empfehlen, den Abstand zwischen Gasdüse und Werkstück so gering wie möglich zu halten. Kann dies auf Grund strahlungsintensiver Prozesse oder Zugänglichkeitsproblemen nicht gewährleistet werden, ist ein vergrößerter Abstand mit höheren Schutzgasmengen zu kompensieren.

6.2.4 Einfluss der Brenner- bzw. der Schutzgastemperatur

Die Erwärmung des Schutzgases im Brenner ist je nach Brennersystem und Kühlkonzept verschieden. Durch Messung der Temperatur von Schutzgasdüsen während des Schweißens ist bekannt, dass sich diese je nach Bauart und Einsatzbedingungen um mehrere hundert Kelvin erwärmen. Auf Grund der Abhängigkeit von Diffusion und Gastemperatur, ist zu erwarten, dass eine erhöhte Gastemperatur auch zu einer Verschlechterung der Gasabdeckung führt.

Um diese Vermutung zu bestätigen und den grundlegende Einfluss der Gas- bzw. der Brennertemperatur auf die Ausbildung der Schutzgasabdeckung zu bewerten, wurde die Temperatur der Gasdüse im Modell auf bis zu 650°C angehoben. In den Untersuchungen konnte auch bei sehr heißen Gasdüsen keine signifikante Verschlechterung der Gasabdeckung festgestellt werden, vgl. Abbildung 6.24, links. Da die Erwärmung des Schutzgases im Brenner nicht nur auf die Gasdüsentemepratur zurückzuführen ist, wurde auch die Temperatur des in den Modellraum einströmenden Gases angehoben. Auch diese direkte Erwärmung des Schutzgases auf bis zu 600 K zeigte nur einen geringen Einfluss auf die Qualität der Schutzgasabdeckung, vgl. Abbildung 6.24, rechts.

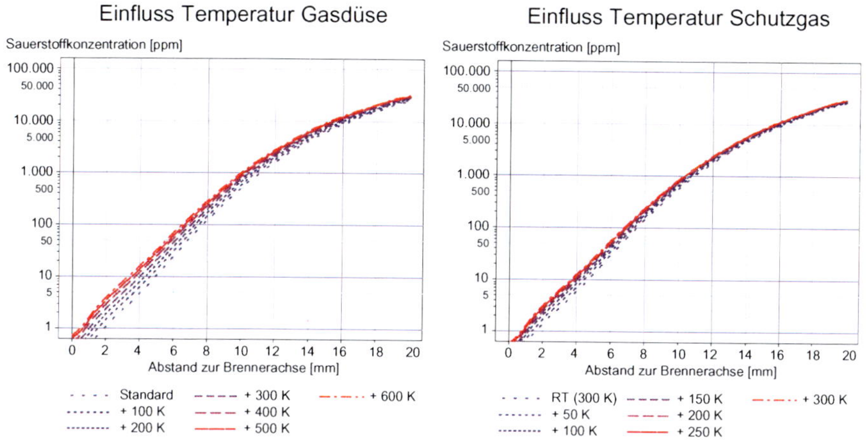

Abbildung 6.24: Simulation des Einflusses von Gasdüsen- (links) und Gastemperatur (rechts) auf die Qualität der Schutzgasabdeckung am Werkstück (6°-Modell)

Durch die simulationsgestützten Analysen konnte gezeigt werden, dass durch erhöhte Temperaturen zwar verstärkte Diffusionsprozesse auftreten, aber dass das erwärmte Gas gleichzeitig ein größeres Volumen einnimmt, was zu höheren Strömungsgeschwindigkeiten im Brenner und am Austritt der Gasdüse führt. Die höheren Geschwindigkeiten wirken der Diffusion von Umgebungsluft in das Schutzgas entgegen und kompensieren diese. Im Allgemeinen können damit für den Einsatz gasgekühlter Systeme aus Sicht der Schutzgasströmung keine signifikant negativen Effekte festgestellt werden. Allerdings ist in der Konstruktion gasgekühlter Brenner im Hinblick auf Gasverteilung und Laminarisierung darauf zu achten, dass ein heißes Gas im Schweißbrenner eine teilweise um Faktor zwei bis drei erhöhte Strömungsgeschwindigkeit aufweist. Die in Abbildung 6.4 gegebenen Hinweise für die Schweißbrennerkonstruktion sind demnach besonders für gasgekühlte Brennersysteme von besonderer Bedeutung.

6.3 Fertigungsbedingte Beeinflussung der Gasabdeckung

6.3.1 Einfluss des Brennerabstandes

In der schweißtechnischen Praxis wird bei Zugänglichkeitsproblemen oft nicht nur der Abstand zwischen Werkstück und Gasdüse, siehe Kapitel 6.2.3, sondern der Abstand des kompletten Brenners verändert. In der Literatur [18][30] wird empfohlen, den Abstand zwischen Gasdüse und Werkstück mit maximal 80 % des inneren Gasdüsendurchmessers einzustellen, da es andernfalls zu einer Verschlechterung der Gasabdeckung kommt. Diese Aussage kann durch Schweißversuche nachvollzogen werden, die strömungstechnischen Ursachen sind jedoch unbekannt.

Mit dem Ziel die Qualität der Gasabdeckung in Abhängigkeit des Brennerabstandes zu visualisieren, wurden im Modell drei Abstände abgebildet und bei verschiedenen Gasmengen und Stromstärken strömungstechnisch analysiert. Die Ergebnisse der Simulation sind in Abbildung 6.25 dargestellt. Alle durchgeführten Untersuchungen sind in Anlage 10 aufgeführt.

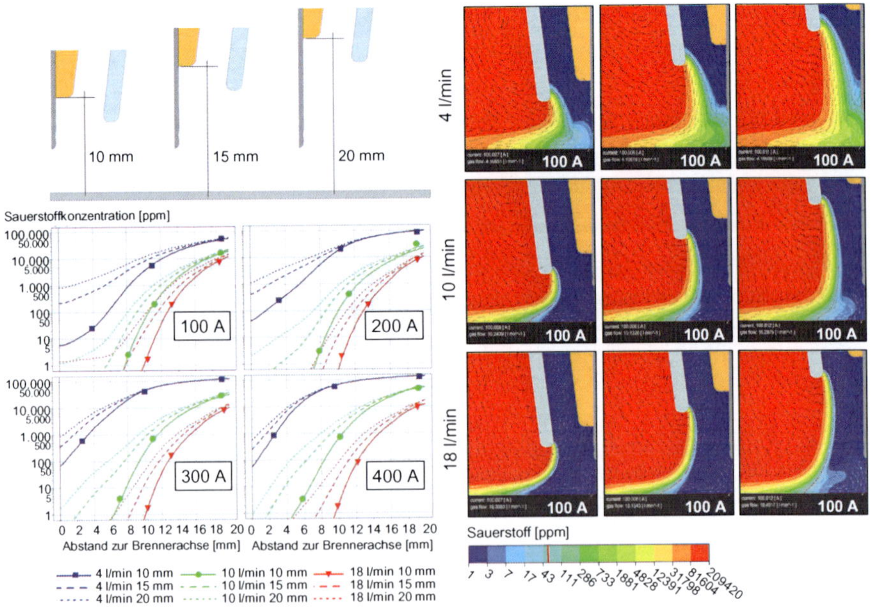

Abbildung 6.25: Einfluss des Brennerabstandes auf die Sauerstoffkonzentration am Werkstück in Abhängigkeit der Gasmenge und der Stromstärke (6°-Modell)

Durch Anwendung des numerischen Modells als auch durch Sauerstoffmessungen konnte nachgewiesen werden, dass die Vergrößerung des Brennerabstandes bei gleichbleibender Lichtbogenlänge, unabhängig von Gasmenge oder Schweißstromstärke, zu einer Reduzierung der Schutzgasabdeckung führt.

Ausgehend von den Ergebnissen der Simulation können Hinweise für Einstellparameter hinsichtlich der benötigten Schutzgasmenge für den individuellen Anwendungsfall abgeleitet werden. Kriterium für das in Abbildung 6.26 beispielhaft dargestellte Diagramm ist eine Sauerstoffkonzentration kleiner 50 ppm, welche in einem Durchmesserbereich von 16 mm unter dem Brenner gewährleistet werden soll. Im Diagramm kann die dafür notwendige, einzustellende Schutzgasmenge entnommen werden.

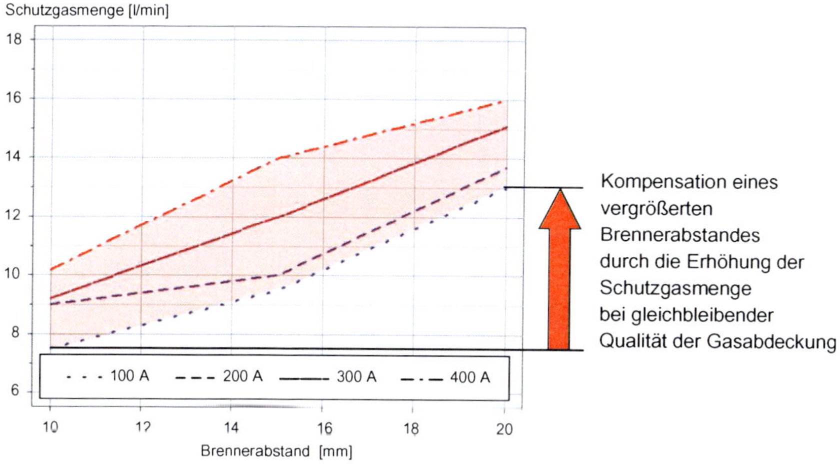

Abbildung 6.26: Benötigte Schutzgasmengen in Abhängigkeit des Brennerabstandes und der Schweißstromstärke (Simulation, 6°-Modell, Gasdüse 13 mm)

Es wird deutlich, dass eine Erhöhung der Stromstärke von 100 A auf 400 A eine Erhöhung der Schutzgasmenge um 3 bis 5 l/min erfordert, um einen gleichbleibenden Gasschutz zu gewährleisten. Eine Erhöhung des Brennerabstandes von 10 mm auf 20 mm sollte mit der Erhöhung der Schutzgasmenge um ca. 6 l/min kompensiert werden. Dabei ist zu beachten, dass auf diese Weise keine festen Parametersätze entstehen sollen, sondern Anhaltspunkte geschaffen werden, die eine angemessene Reaktion auf sich ändernde Rahmenbedingungen ermöglichen.

6.3.2 Einfluss der Brennerneigung

In der Literatur [18][19][23][30] wird eine stark stechende oder schleppende Brennerstellung (als problematisch gelten Winkel > 25°) als mögliche Ursache für die Verunreinigung der Schutzgasabdeckung benannt. In der Begründung wird argumentiert, dass durch das ausströmende Schutzgas Luft aus den Bereichen unter dem Brenner in die Schutzgasströmung eingesaugt werden soll (Injektorwirkung). In der Simulation und mit PIV wurden daher verschiedene Brennerneigungen bei unterschiedlichen Brennerabständen und Gasmengen untersucht.

In PIV-Aufnahmen wird deutlich, dass sich vor allem bei großen Abständen zwischen Werkstück und Brenner über der Naht ein Wirbel ausbildet, vgl. Abbildung 6.27. Dieser Wirbel befördert Atmosphärengase in den Randbereich der Strömung. Das direkte, injektorbasierte Einsaugen von Umgebungsluft, welches oft in der Literatur und den Lehrunterlagen beschrieben wird, kann jedoch auch bei großen Anstellwinkeln und verschiedenen Gasmengen weder durch die Simulation noch durch PIV nachgewiesen werden.

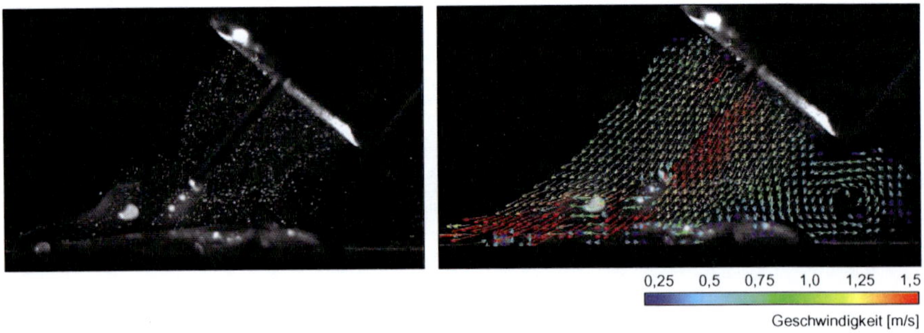

Abbildung 6.27: Visualisierung der Gasströmung durch PIV bei einer 40° stechenden Brennerneigung in der Grundstromphase beim MSG-Impulsschweißen von S235

Weiterhin ist zu beachten, dass der Tropfen im Moment der Ablösung durch Kräfte des Lichtbogens nach oben gedrückt wird und mit erheblichem Abstand zur Lichtbogenachse in das Schmelzbad übergeht. In Abbildung 6.28 ist der in der Simulation errechnete Bereich guter Schutzgasabdeckung mit der PIV-Aufnahme überlagert, so dass deutlich wird, dass der Tropfen im Randbereich einer guten Schutzgasabdeckung in die Schmelze übergeht.

Schutzgasdüse und Gasmenge sind daher so zu wählen, dass auch in diesem Bereich eine ausreichende Qualität der Schutzgasabdeckung sichergestellt wird. Kann dies nicht gewährleistet werden, sollte eine zusätzliche Gasabdeckung, beispielsweise durch eine den Brenner umschließende Schleppgasdüse, realisiert werden. Die Ergebnisse der Simulation für verschiedene Brennerneigungen sind in Anlage 11 dargestellt.

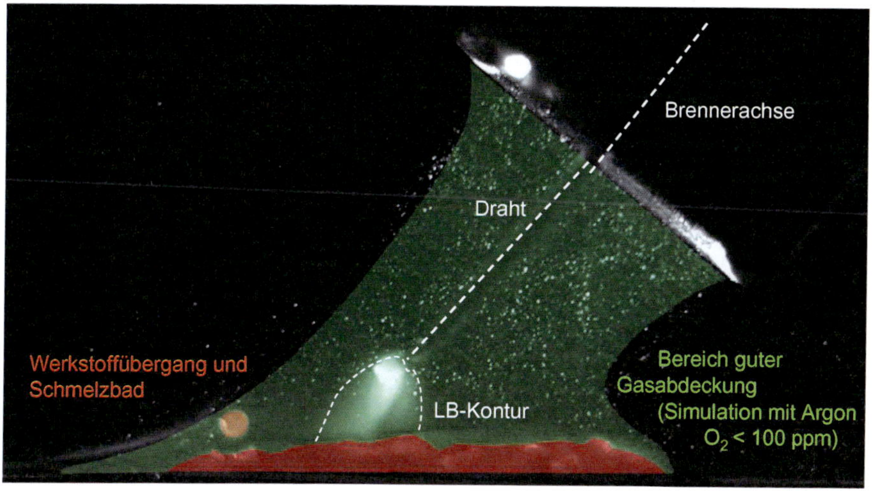

Abbildung 6.28: Gekoppelte Auswertung von PIV und Simulation beim MAG-Impulsschweißen bei großer Brennerneigung (40° stechend)

6.3.3 Einfluss der Schweißgeschwindigkeit

Die Schweißgeschwindigkeit hat einen wesentlichen Einfluss auf die Wirtschaftlichkeit von Schweißprozessen. Es werden möglichst hohe Vorschubgeschwindigkeiten angestrebt. Die Wechselwirkungen zwischen Schweißgeschwindigkeit und Gasabdeckung sind jedoch weitgehend unbekannt. In der Praxis werden jedoch häufig Verschlechterungen der Gasabdeckung auf hohe Vorschubgeschwindigkeiten zurückgeführt und in der Folge eine zu hohe Vorschubgeschwindigkeit als Ursache von Spritzern und anderen Prozessunregelmäßigkeiten benannt.

Daher wurde eine modellbasierte Untersuchung der Gasabdeckung in Abhängigkeit von der Vorschubgeschwindigkeit durchgeführt. Mit einem spiegelsymmetrischen Modell wurden die Strömung des Schutzgasfreistrahls und die Qualität der Gasabdeckung für

Schweißgeschwindigkeiten im Bereich 0,2 bis 1 m/min berechnet. In Abbildung 6.29 ist das Ergebnis der Simulation für verschiedene Schweißgeschwindigkeiten dargestellt.

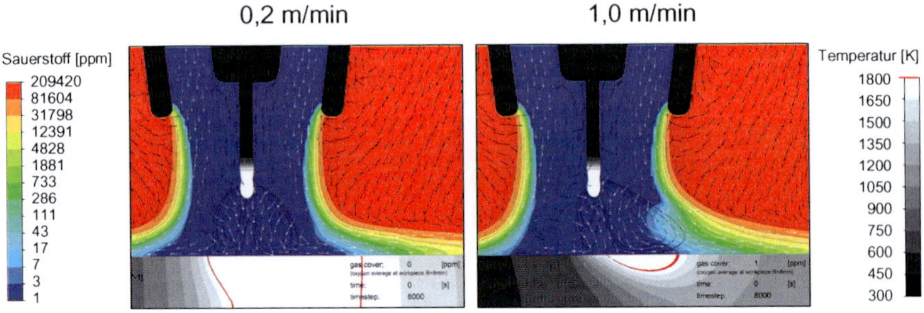

Abbildung 6.29: Schutzgasabdeckung und Werkstücktemperatur bei verschiedenen Vorschubgeschwindigkeiten (Brenner B, 180°-Modell, 200 A, Schutzgas: Argon, 18 l/min)

Auf Grundlage der durchgeführten Untersuchungen wird geschlussfolgert, dass die direkte Beeinflussung der Schutzgasströmung durch die Brennerbewegung und die stehende Umgebungsluft keinen signifikanten Einfluss auf die Gasströmung und die Qualität der Schutzgasabdeckung hat. Die aus der Vorschubgeschwindigkeit resultierende seitliche Anströmung des Schutzgasfreistrahles mit Geschwindigkeiten von bis zu 1 m/min (0.167 m/s) ist im Vergleich zu den Geschwindigkeiten des Schutzgases von 3 bis 5 m/s am Gasdüsenauslass und einer wesentlich schnelleren seitlichen Abströmung über das Werkstück um Größenordnungen kleiner und damit zu gering, um zu einer verschlechterten Gasabdeckung zu führen.

Mit zunehmender Schweißgeschwindigkeit ändert sich in erster Linie das Temperaturprofil im Werkstück. Im Modell werden hiervon auch der Lichtbogenansatz, damit die gesamte Lichtbogenausbildung und somit auch die Gasströmung bzw. die Schutzgasabdeckung beeinflusst (siehe Kapitel 6.2.1). Es wird deutlich, dass bei hohen Geschwindigkeiten der Lichtbogen weiter nach hinten, auf die heißen Werkstückbereiche brennt und die Gasabdeckung in den Außenbereichen kontaminiert wird. Außerdem ist es bei hohen Vorschubgeschwindigkeiten möglich, dass sich eine sehr lange Schmelzbadzunge ausbildet, die nicht mehr durch den Gasschutz des Brenners abgedeckt wird. Hinsichtlich einer guten Schutzgasabdeckung wird daher, dem Stand der Technik entsprechend, bei hohen Schweißgeschwindigkeiten der Einsatz einer Schleppgasdüse empfohlen.

6.3.4 Einfluss von Zugluft, Arbeitsplatzabsaugung oder Auftriebseffekten

Durch das Öffnen von Türen oder Toren sowie durch Absauganlagen werden in Fertigungshallen Luftbewegungen verursacht, die die Schutzgasabdeckung von Schweißprozessen beeinträchtigen können. Um den Einfluss von Zugluft auf den Schweißprozess zu visualisieren, wurden durch Ventilatoren und Absauganlagen bewusst Luftbewegungen in unmittelbarer Nähe des Schweißprozesses erzeugt und durch die Schlierenanalyse sowie durch PIV untersucht. Auf Grundlage dieser Untersuchungen können prinzipielle Aussagen zu den Wechselwirkungen der Gasströmungen getroffen werden.

In Abbildung 6.30 ist das Aufeinanderprallen des durch einen Ventilator seitlich zugeführten Luftstromes mit dem aus der Gasdüse austretenden Schutzgas zu sehen. In der Folge bildet sich neben dem Brenner ein relativ großes Wirbelgebiet. Ist der Brennerabstand zu groß oder die Schutzgasmenge zu klein, verkleinert sich dieses Wirbelgebiet und verschiebt sich in Richtung des Prozesses bzw. verschwindet ganz, so dass die seitliche Anströmung direkt auf den Schutzgasfreistrahl trifft und die Qualität der Gasabdeckung reduziert wird. Dies ist durch Prozessunregelmäßigkeiten und verstärkte Rußablagerungen neben der Naht gekennzeichnet. Um diesen Effekten entgegenzuwirken, sollte gerade bei empfindlichen Werkstoffen wie CrNi-Stahl oder Titan eine nicht zu breite Gasdüse verwendet werden, so dass der Lichtbogen im Zentrum und nicht in den Außenbereichen angeströmt wird. Eine den Brenner umschließende Zusatzgasdüse kann zusätzlichen Schutz vor seitlichen Luftströmungen bieten.

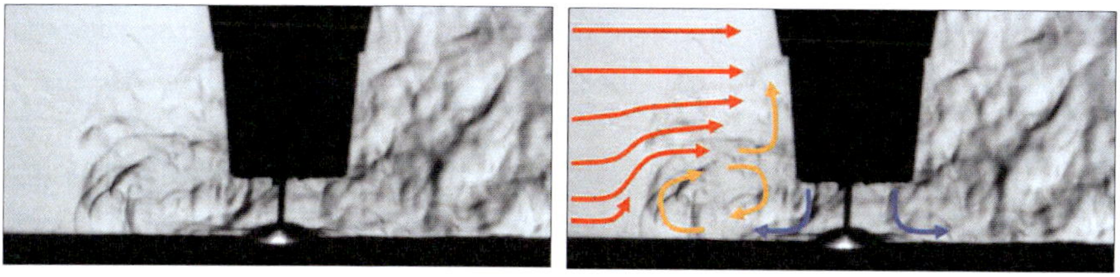

Abbildung 6.30: Untersuchung des Einflusses von Zugluft mit der Schlierenmethode (links) und Visualisierung der Strömungscharakteristik (rechts)

In weiteren Untersuchungen wurde eine übliche Arbeitsplatzabsaugung neben dem Schweißprozess positioniert und die Auswirkungen dieser Absaugströmung durch PIV untersucht. Abbildung 6.31 zeigt, dass sich die Freistrahlströmung über den

Brennerumfang sehr ungleichmäßig ausbildet und zu Verwirbelungen unter der Gasdüse führt. Der überwiegende Teil des partikelbeladenen Gases wird in Richtung der Absaugung ausgelenkt. Auf der rechten Seite des Drahtes sind dagegen kaum Partikel vorhanden, was auf das Ansaugen von Umgebungsluft schließen lässt. Zeitaufgelöste PIV-Analysen verdeutlichen, dass die mangelhafte Gasabdeckung zu Prozessinstabilitäten führt, die wiederum den Gasschutz zusätzlich beeinträchtigen. Während der Prozess bei ausgeschalteter Absaugung sehr ruhig war, kam es mit Absaugung zu einer deutlich erhöhten Kurzschlussanzahl im Impulsprozess. Der Lichtbogen wurde zunehmend unruhig und es wurde mehr Schweißrauch gebildet.

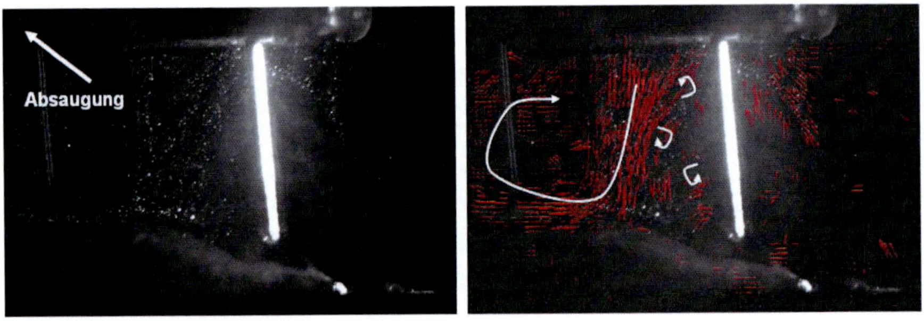

Abbildung 6.31: PIV-Aufnahmen beim MSG-Impulsschweißen mit seitlicher Absaugung

Prinzipiell können sowohl seitliche Anströmungen des Prozesses durch Zugluft als auch Luftbewegungen durch eine Schweißrauchabsaugung für die Qualität der Schutzgasabdeckung als kritisch eingeschätzt werden. Hinsichtlich einer guten Schutzgasabdeckung ist zu empfehlen die Schweißrauchabsaugung zentral über dem Schweißprozess zu positionieren und breite Absaugstutzen zu nutzen, die eine langsame, gleichmäßige und breite Absaugströmung gewährleisten. Da die im Rahmen der Arbeit durchgeführten Untersuchungen die Fragestellungen im Hinblick auf Zugluft und Absaugung nur ansatzweise beantworten, ist es notwendig dies in weiteren Untersuchungen zu vertiefen. Beispielsweise kann der Einfluss verschiedener Zugluftgeschwindigkeiten durch die Messung der Sauerstoffkonzentration analysiert werden.

Neben Zugluft und Absaugung wurde der Einfluss von Auftriebseffekten in der Simulation untersucht. Dabei wurden die Positionen PA (Wanne), PE (über Kopf), PF (steigend) und PG (fallend) abgebildet. Abbildung 6.32 zeigt die Ausbildung des Strömungsfeldes und der Gasabdeckung in Abhängigkeit der Schweißposition.

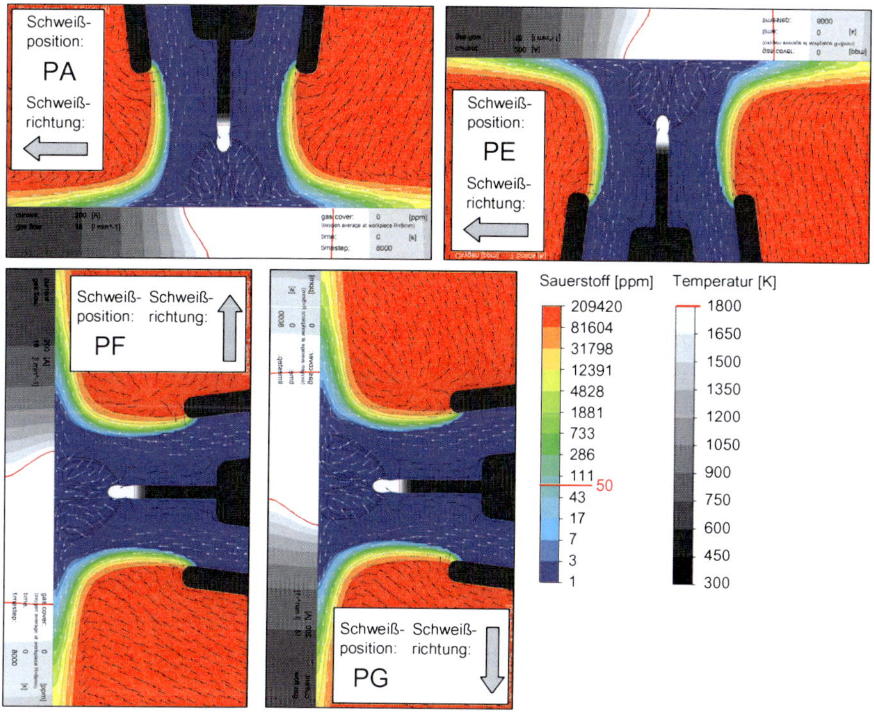

Abbildung 6.32: Schutzgasabdeckung bei verschiedenen Schweißpositionen (180°-Modell, 200 A, Argon: 18 l/min, Schweißgeschwindigkeit: 0,2 m/min)

Im Rahmen der Arbeit wurden in Abhängigkeit der Schweißposition keine signifikanten Einflüsse auf die Gasströmung bzw. auf die Ausbildung der Schutzgasabdeckung festgestellt. Es ist jedoch zu beachten, dass die Modellgeometrie einen relativ kleinen Bereich um den Schweißprozess abbildet. Das entwickelte Modell ist darauf ausgelegt die Freistrahlströmung und deren Wechselwirkungen mit dem Lichtbogen zu beschreiben. Um gerade bei großen Konstruktionen die Wirkung von Auftriebsströmungen an heißen Bauteilen zu analysieren, ist ein wesentlich größerer Strömungsraum abzubilden. Der hierzu notwendige Modellierungsaufwand konnte im Rahmen der vorliegenden Arbeit in Bezug auf den Aufwand zu Gittererstellung und Rechenzeit nicht in dem notwendigen Umfang realisiert werden. Stattdessen erscheint es sinnvoll diese Effekte durch den Einsatz von PIV und Schlierentechnik zu untersuchen. Hierbei ist zu beachten, dass die Auftriebsströmungen stark von der Größe der Bauteile abhängen und daher nicht im Labor, sondern in der Fertigung analysiert werden sollten.

6.3.5 Einfluss der Schweißbrennerverschmutzung

Um den Einfluss der Brennerverschmutzung auf die Qualität der Gasabdeckung und damit auf das Schweißergebnis zu bewerten, wurden Beispielbrenner aus verschiedenen Bereichen der schweißtechnischen Fertigung ausgewählt und in Abhängigkeit des Verschmutzungszustandes strömungstechnisch und durch Schweißversuche analysiert.

Untersuchungen an einem wassergekühlten MSG-Handschweißbrenner mit Hilfe der Sauerstoffmessung am Werkstück zeigen den Einfluss der Gasdüsenverschmutzung auf die Qualität der Schutzgasabdeckung, vgl. Abbildung 6.33.

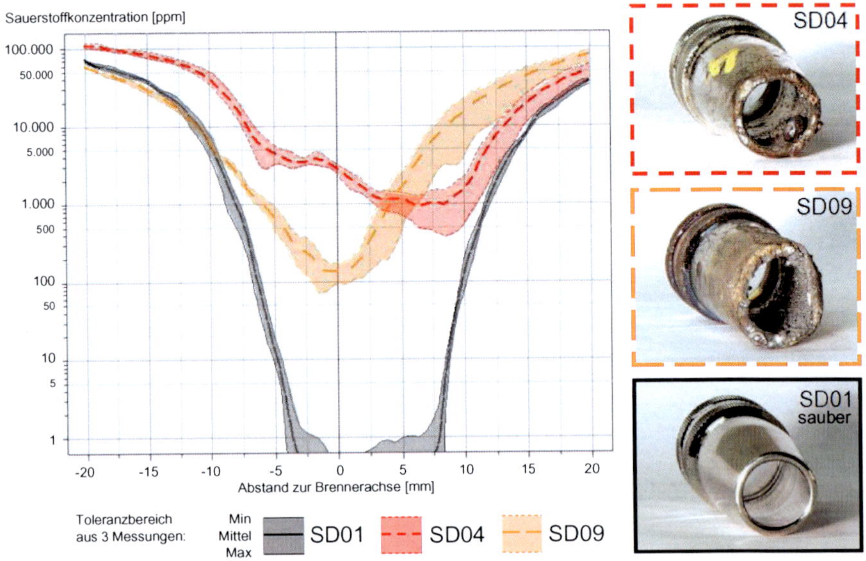

Abbildung 6.33: Messung der Sauerstoffkonzentration im Schutzgasfreistrahl bei verschiedenen Gasdüsenverschmutzungen (Brenner K, Argon: 10 l/min)

Die beispielhaft ausgewählten Verschmutzungen beziehen sich dabei auf einen großen, fest anhaftenden Schweißspritzer an einer insgesamt noch sehr sauberen Gasdüse (SD04) und auf eine stark beanspruchte Düse (SD09), welche neben Spritzeranhaftungen auch geometrische Verformungen aufweist.

Der Brenner zeigt im sauberen Zustand ein sehr gutes Strömungsverhalten und erreicht im Schutzgasfreistrahl ohne Berücksichtigung des Lichtbogens Sauerstoffkonzentrationen kleiner 1 ppm. Durch die Verunreinigungen wird die Qualität der

Gasabdeckung deutlich reduziert (O_2-Werte bei ca. 1.000 ppm). Es wird geschlussfolgert, dass durch die veränderten Strömungsgeometrien und die aus den Anhaftungen resultierenden rauen Wandoberflächen turbulente und ungleichmäßige Strömungsstrukturen entstehen, die zu einer verstärkten Einwirbelung von Umgebungsluft in den Schutzgasfreistrahl führen.

Zur Visualisierung der Turbulenz wurden Schlierenaufnahmen mit sauberen und verschmutzten Verschleißteilen durchgeführt, vgl. Abbildung 6.34. Im unverschmutzten Zustand kann mittig unter der Gasdüse von einer relativ gleichmäßigen und ruhigen Strömung gesprochen werden. Erst im unteren Bereich des Freistrahls werden in den Randbereichen turbulente Strömungsstrukturen sichtbar. Durch die Verschmutzung der Gasdüse werden Turbulenz und Instationäritäten im Schutzgasfreistrahl verstärkt. Besonders unter dem anhaftenden Schweißspritzer (SD04) sind stark turbulente Strukturen erkennbar. Dies führt, wie in den Sauerstoffmessungen (Abbildung 6.33) nachgewiesen, zu einer verstärkten Vermischung von Schutzgas mit Umgebungsluft und beeinträchtigt die Qualität der Schutzgasabdeckung.

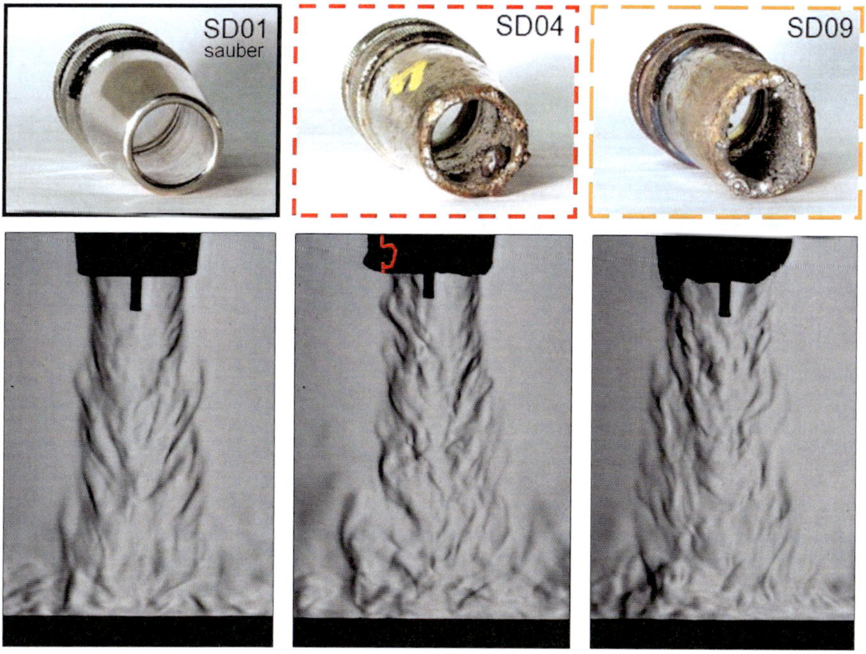

Abbildung 6.34: Visualisierung der Schutzgasströmung durch die Schlierentechnik bei verschiedenen Gasdüsenverschmutzungen (Brenner K, CO_2: 10 l/min)

In Schweißversuchen wurde deutlich, dass besonders Verschmutzungen im oberen Gasdüsenbereich, also im Strömungsraum zwischen Gasverteiler und innerer Gasdüsenwand, zu einer starken Beeinträchtigung der Schutzgasabdeckung führen, vgl. Abbildung 6.35. Die aus der Fertigung entnommene Gasdüse wirkt äußerlich kaum verschlissen, weist aber im oberen Bereich Verschmutzungen in Form von Spritzerablagerungen auf. Durch die nähere Untersuchung dieser Verschmutzungen wurde deutlich, dass es sich dabei mit großer Wahrscheinlichkeit um einen Spritzerring handelt, welcher im Verlauf der automatisierten Reinigung von der Unterseite der Gasdüse im Brenner nach oben geschoben wurde.

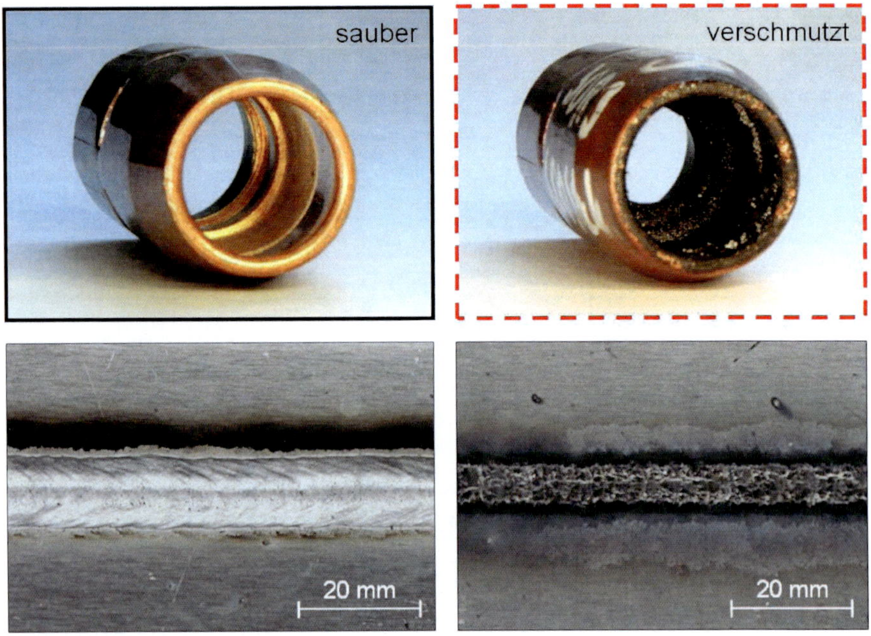

Abbildung 6.35: Ergebnisse von Schweißungen an Aluminium (Brenner I, Impulslichtbogen, Argon: 18 l/min)

Durch die Untersuchung der in der Schweißfertigung verschmutzten Brennerkomponenten konnte nachgewiesen werden, dass anhaftende Schweißspritzer zu einer verschlechterten Gasabdeckung führen können. Auf Grund der vollständigen und undefinierten Verschmutzung der Verschleißteile konnte jedoch kein Ursache-Wirkungszusammenhang zwischen einer konkreten Verschmutzung (Bereich und Stärke) und der Beeinflussung der Gasabdeckung hergestellt werden.

Nach der in Kapitel 5.2 beschriebenen Vorgehensweise wurden daher im Labor definierte und lokal begrenzte Verschmutzungen auf die Verschleißteile von Brenner E aufgetragen. Alle verschmutzten Brennerkomponenten sind in Anlage 4 aufgeführt. Nachfolgend werden die Ergebnisse für die vier Verschmutzungsbereiche zusammengefasst.

Oberer Gasdüsenbereich:

Die Untersuchungen beziehen sich auf die obere Innenwand der Schutzgasdüse. Die aufgebrachten Verschmutzungen und die resultierenden Auswirkungen auf den verbleibenden Strömungsraum sind in Abbildung 6.36 dargestellt.

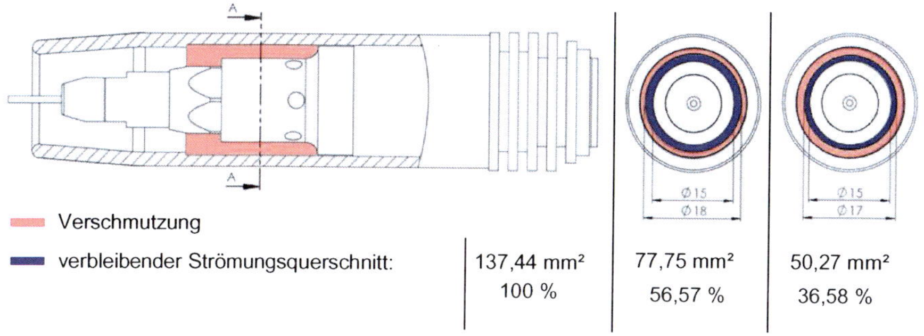

Abbildung 6.36: Verschmutzungen im oberen Gasdüsenbereich und Auswirkungen auf den verbleibenden Strömungsraum (Brenner E)

Die Bewertung der Schutzgasströmung und der Turbulenz im Freistrahl erfolgt durch Schlierenaufnahmen. In Abbildung 6.37 sind die Ergebnisse des unverschmutzten Brenners und die Aufnahmen der Strömung in Abhängigkeit der Verschmutzungsstärke dargestellt. Durch Schlierenaufnahmen wird deutlich, dass ein sauberer Brenner eine sehr laminare und gleichmäßig ausgebildete Schutzgasströmung realisiert. Lediglich im Randbereich, ca. 30 mm unter der Gasdüse, sind leicht turbulente Strömungsstrukturen erkennbar. Durch geringe Verschmutzungsstärken (1 mm) werden diese Effekte etwas verstärkt. Eine signifikante Beeinflussung des Strömungsverhaltens ist jedoch nicht festzustellen.

Wird die Dicke der aufgebrachten Verschmutzung weiter erhöht (1,5 mm), ändert sich das Strömungsverhalten grundlegend. In Abbildung 6.37 (rechte Seite) sind auch direkt unter der Gasdüse in der Mitte des Freistrahls turbulente Strukturen zu erkennen. Stärkere Schlierenbildung auf der rechten Seite führt zu der Vermutung, dass der

Strömungsraum zwischen Gasverteiler und Gasdüsenwand über den Brennerumfang nicht mehr absolut gleich ausgebildet ist. Dies kann entweder auf eine leichte Abweichung in der Konzentrizität von Brennerinnen- und -außenrohr oder auf eine etwas ungleichmäßig aufgetragene Verschmutzung zurückgeführt werden. In zeitbestimmten Schlierenaufnahmen wird deutlich, dass immer wieder Turbulenzen von einer Seite auf die andere, durch den Freistrahl hindurch transportiert werden.

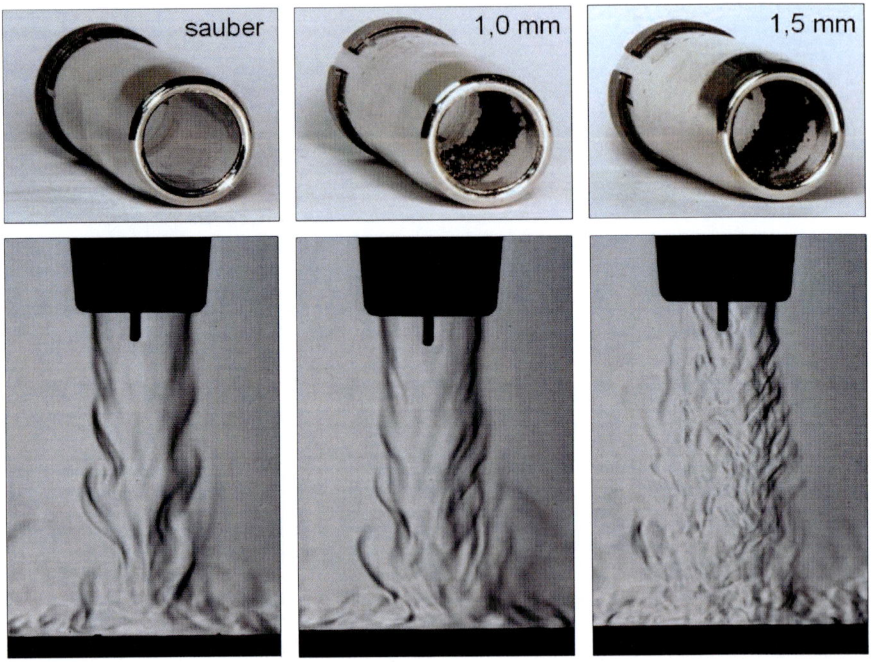

Abbildung 6.37: Visualisierung der Schutzgasströmung durch die Schlierentechnik bei verschiedenen Verschmutzungsstärken im oberen Gasdüsenbereich (Brenner E, CO_2: 10 l/min)

Deutlich wird dies auch bei der Auswertung der durchgeführten Sauerstoffmessungen und Schweißversuche. Die Ergebnisse der Schweißversuche sind in Abbildung 6.38 aufgeführt. Sowohl für den Impulslichtbogen als auch für den Kurzlichtbogen kann gezeigt werden, dass Verschmutzungen im oberen Gasdüsenbereich einen entscheidenden Einfluss auf die Qualität der Schweißnaht haben. Während für leichte Verschmutzungen (1 mm) nur gering verstärkte Rußablagerungen neben der Naht erkennbar sind, wird bei stärkeren Verschmutzungen (1,5 mm) das komplette Nahtbild beeinträchtigt.

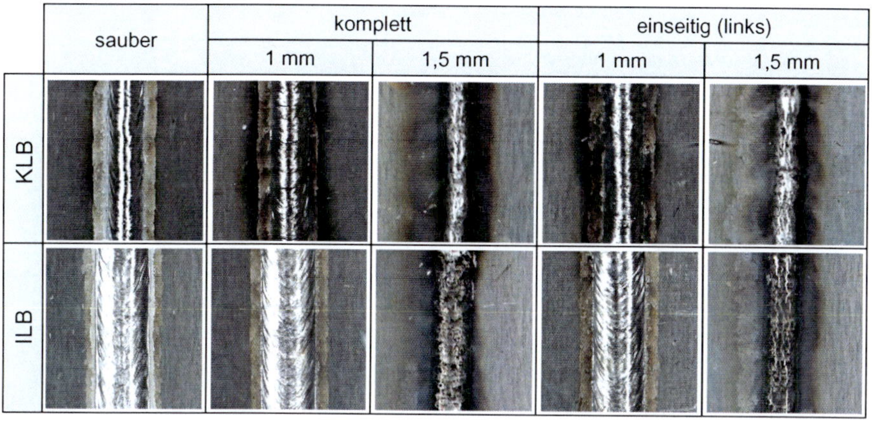

Abbildung 6.38: Schweißversuche an Aluminium bei Verschmutzungen im oberen Gasdüsenbereich (Brenner E, Kurzlichtbogen und Impulslichtbogen, Argon: 18 l/min)

Unterer Gasdüsenbereich:

Die Reduzierung des Strömungsquerschnittes durch Verschmutzungen im unteren Bereich der Gasdüse ist auf Grund des insgesamt größeren Strömungsraumes deutlich schwächer ausgeprägt als im oberen Gasdüsenbereich, vgl. Abbildung 6.39.

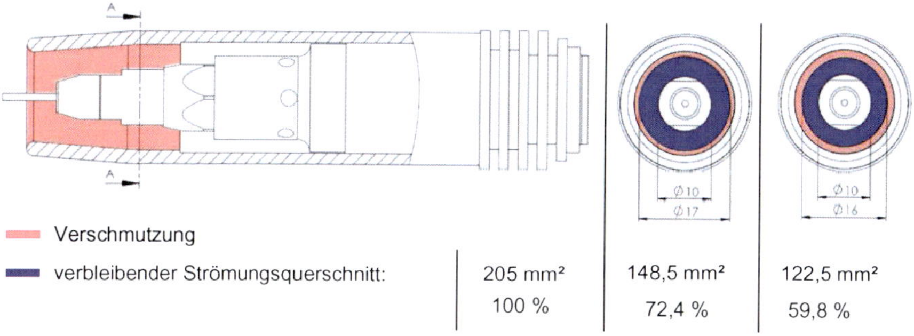

Abbildung 6.39: Verschmutzungen im unteren Gasdüsenbereich und Auswirkungen auf den verbleibenden Strömungsraum (Brenner E)

Die Ergebnisse der Schlierenuntersuchungen zeigen, dass der Freistrahl durch die Verschmutzung eingeschnürt wird und es zu verstärkten Turbulenzen im Randbereich kommt, vgl. Abbildung 6.40. Wird das Granulat nur einseitig aufgetragen, ist ein Ablenken der Strömung entgegen der Verschmutzung erkennbar. Da in beiden Fällen die Turbulenz in der Strömung nicht gravierend steigt, sondern nur Tendenzen erkennbar sind, wird geschlussfolgert, dass die Qualität der Gasabdeckung nicht in entscheidendem Maße beeinträchtigt wird. Dies konnte durch Sauerstoffmessungen und Schweißversuche bestätigt werden, vgl. Abbildung 6.41.

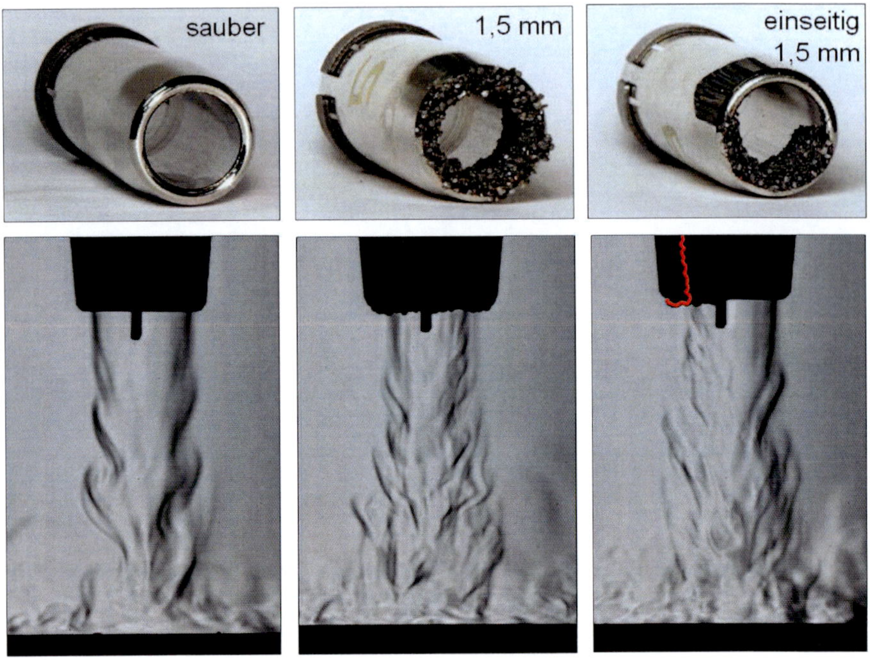

Abbildung 6.40: Visualisierung der Schutzgasströmung durch die Schlierentechnik bei verschiedenen Verschmutzungen im unteren Gasdüsenbereich (Brenner E, CO_2: 10 l/min)

Abbildung 6.41: Schweißversuche an Aluminium bei verschiedenen Verschmutzungen im unteren Gasdüsenbereich (Brenner E, Kurzlichtbogen und Impulslichtbogen, Argon: 18 l/min)

Gasverteiler:

Bei der Untersuchung von Brennern aus der schweißtechnischen Fertigung wurden nicht nur Ablagerungen an der Wand der Gasdüse, sondern auch an den inneren Verschleißteilen wie Gasverteiler und Düsenstock festgestellt. In Abbildung 6.42 werden die künstlich erzeugten Verschmutzungen im Bereich des Gasverteilers dargestellt. Auch in diesem Bereich wurde mit verschiedenen Verschmutzungsstärken sowie mit komplett und einseitig verschmutzten Verschleißteilen gearbeitet. Beim Auftragen des Lackes wurde sichergestellt, dass die Bohrungen des Gasverteilers nicht verschlossen oder Querschnitte beeinflusst wurden. Ähnlich der Verschmutzungen im Bereich der oberen Gasdüsenwand wird der Strömungsquerschnitt zwischen Gasverteiler und Gasdüsenwand durch die aufgetragenen Partikel sehr stark eingeschränkt. Es ist abzuleiten, dass erhöhte Geschwindigkeiten zu starken Turbulenzen und zu einer signifikanten Beeinträchtigung der Schutzgasabdeckung führen.

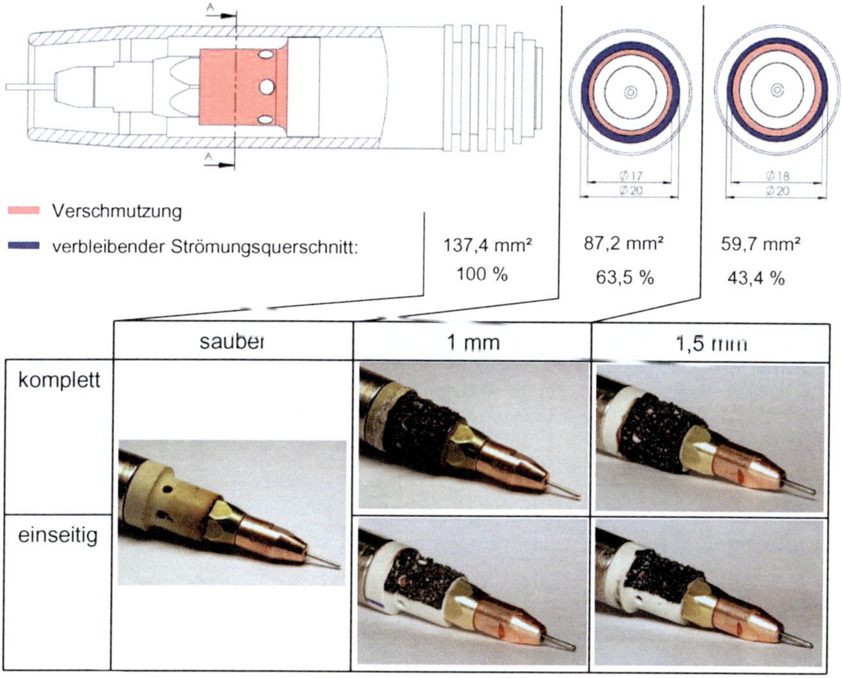

Abbildung 6.42: Verschmutzungen im Bereich des Gasverteilers und Auswirkungen auf den verbleibenden Strömungsraum (Brenner E)

Messungen der Sauerstoffkonzentration und Schweißversuche bestätigen diese Vermutung. Leichtere Verschmutzungen (1 mm) führten nicht zu signifikant höheren Sauerstoffkonzentrationen im Schutzgasfreistrahl (Werte im Zentrum <10 ppm). Mit stärkerer Verschmutzungsdicke steigt auch die Beeinträchtigung der Gasabdeckung. Die Strömung wird zunehmend turbulent, so dass die Qualität der Gasabdeckung stark abnimmt (Werte im Zentrum >10.000 ppm). Im Schweißergebnis führten hohe Sauerstoffkonzentrationen zu Rußablagerungen. Während dünnere Verschmutzungen (1 mm) das Nahtbild kaum beeinflussen und damit die Ergebnisse aus der Sauerstoffmessung bestätigen, sind bei stärkeren Verschmutzungsdicken (1,5 mm) deutliche Ablagerungen auf und neben der Schweißnaht zu erkennen, vgl. Abbildung 6.43. Zudem wurden während des Schweißens in Folge der schlechten Gasabdeckung eine erhöhte Prozessunregelmäßigkeit und ein verstärkter Spritzerauswurf festgestellt.

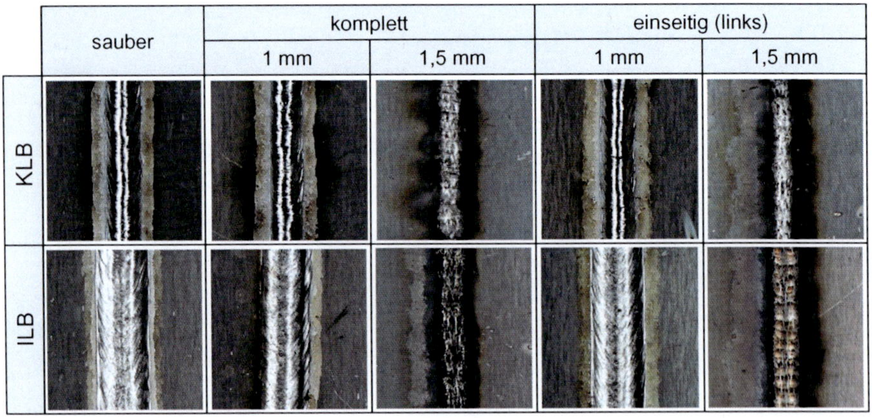

Abbildung 6.43: Schweißversuche an Aluminium bei verschiedenen Gasverteilerverschmutzungen (Brenner E, Kurzlichtbogen und Impulslichtbogen, Argon: 18 l/min)

Düsenstock und Stromkontaktrohr:

In Analogie der bereits beschriebenen Vorgehensweise wurde das Granulat auch im Bereich des Düsenstockes und des Stromkontaktrohres aufgebracht und die Auswirkung der Ablagerungen auf die Gasabdeckung untersucht. Die resultierenden Verschmutzungen und der Einfluss auf den verbleibenden Strömungsraum sind in Abbildung 6.44 dargestellt.

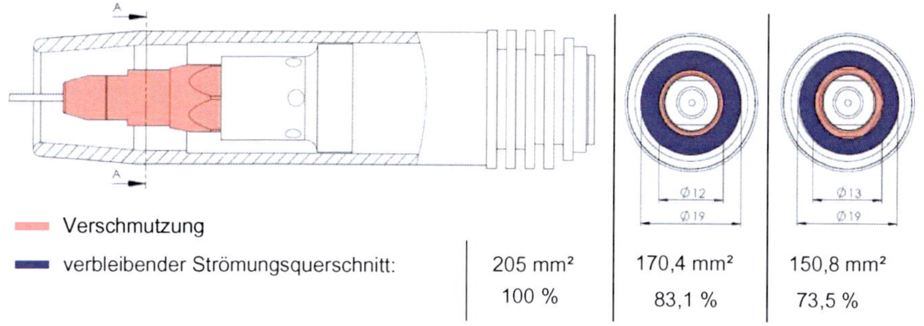

Abbildung 6.44: Verschmutzungen im Bereich von Düsenstock und Stromdüse sowie Auswirkungen auf den verbleibenden Strömungsraum (Brenner E)

Ähnlich der Ergebnisse zur Verschmutzung des unteren Gasdüsenbereiches konnte eine entscheidende Beeinflussung der Gasabdeckung weder durch die Analyse des Strömungsverhaltens mittels Schlierentechnik noch durch Sauerstoffmessungen oder Schweißversuche erkannt werden.

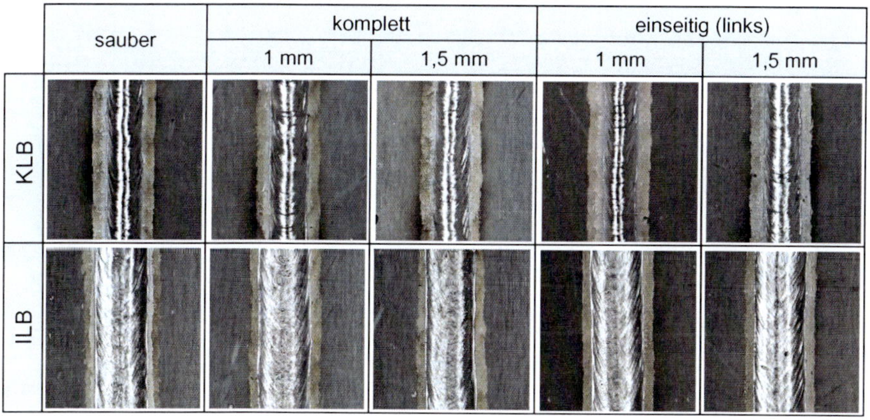

Abbildung 6.45: Schweißversuche an Aluminium bei verschiedenen Verschmutzungen im Bereich von Düsenstock und Stromdüse (Brenner E, Kurzlichtbogen und Impulslichtbogen, Argon: 18 l/min)

Zusammenfassend wird festgestellt, dass die Untersuchungen zu künstlich verschmutzten Brennern die Ergebnisse der Untersuchungen an fertigungsbedingt verschmutzten Schweißbrennern bestätigen. Es wird deutlich, dass Spritzerablagerungen an Brennerkomponenten nicht prinzipiell zu einer Verschlechterung des

Gasschutzes führen. Während bereits geringe Verunreinigungen im oberen Strömungsraum, zwischen Gasverteiler und innerer Gasdüsenwand, eine erhebliche Verschlechterung des Gasschutzes bewirken, sind Ablagerungen im unteren Bereich der Gasdüse von geringerer Relevanz. Diese sind nur bei sehr großen Schweiß-spritzern kritisch.

Demnach wird für die Reinigung von Schweißbrennern durch Fräser oder manuelle Hilfsmittel abgeleitet, dass Verschmutzungen nicht im Brenner nach oben geschoben werden dürfen, sondern komplett aus dem Strömungsraum entfernt werden müssen. Im unteren Bereich der Gasdüse ist es im Hinblick auf die Gasabdeckung ausreichend, lediglich große Spritzer (mehrere Millimeter Durchmesser) abzutragen.

7 Umsetzung der Ergebnisse in der industriellen Praxis

7.1 Entwicklung und Erprobung eines Brenners mit inverser Absaugung

Die im Rahmen dieser Arbeit entwickelten Methoden wurden in verschiedenen Industriekooperationen sowohl für die Brennerentwicklung als auch für die Prozessanalyse eingesetzt. Eine besonders anspruchsvolle Aufgabe war die Entwicklung bzw. Erprobung eines Absaugbrenners mit interner Rauchgasabsaugung [153]. Die Prinzipien eines solchen Brenners sind bekannt und patentiert. Das Auslegen der Geometrien und Parameter für einen stabilen Schweißprozess ist bisher jedoch nicht gelungen. Abbildung 7.1 zeigt beispielhaft, wie vor allem die Simulation eingesetzt wurde, um Schutzgas- und Absaugströmung des Brenners mit innerer Rauchgasabsaugung in Synergie zueinander auszulegen.

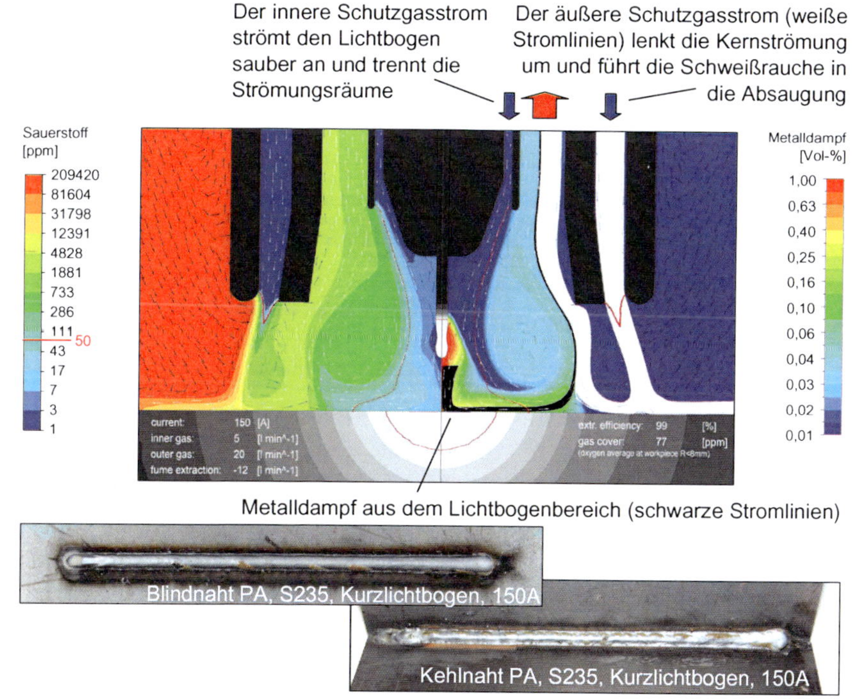

Abbildung 7.1: Strömungskonzept eines Brenners mit innerer Rauchgasabsaugung, Schutzgasabdeckung (links) und Metalldampfkonzentrationen (rechts) sowie Ergebnisse von Schweißversuchen an Baustahl (unten)

Durch die Anwendung der neuen Methoden der Strömungsanalyse wurde in vergleichsweise kurzer Zeit eine geometrische Vorzugsvariante entwickelt und ein stabiles Prozessfenster erarbeitet. In dieser Konfiguration wurden sowohl eine ausreichende Schutzgasabdeckung als auch eine effiziente Schweißrauchabsaugung realisiert. Da lediglich 1/100 des bei konventionellen Absaugbrennern üblichen Volumenstroms abgesaugt wird, ist die Effizienz des Brenners als hoch einzustufen. Der Brenner wurde durch Schweißungen an Baustahl in Abhängigkeit der Nahtart, der Brennerpositionierung und verschiedener Schweißparameter umfassend erprobt. In Abbildung 7.1 sind Schweißnähte an S235 dargestellt.

7.2 Schutzgasabdeckung bei nichtkonzentrischer Schutzgaszuführung

Die Geometrie des Schweißbrenners und vor allem Form und Länge der Gasdüse, werden in der Praxis oft auf Grund von Zugänglichkeitsproblemen verändert. In einem Extremfall aus dem Bereich der Karosseriefertigung wurde die Schutzgasdüse sogar komplett entfernt und das für den Prozess notwendige Schutzgas aus einer anderen Richtung zugeführt. Abbildung 7.2 visualisiert das resultierende Strömungsfeld und die Qualität der Schutzgasabdeckung. Es konnte gezeigt werden, dass der Lichtbogen zwar im Bereich des Schutzgasfreistrahles brennt, jedoch aus dem Schatten des Zusatzdrahtes auch Luft in den Prozessbereich eingesaugt wird.

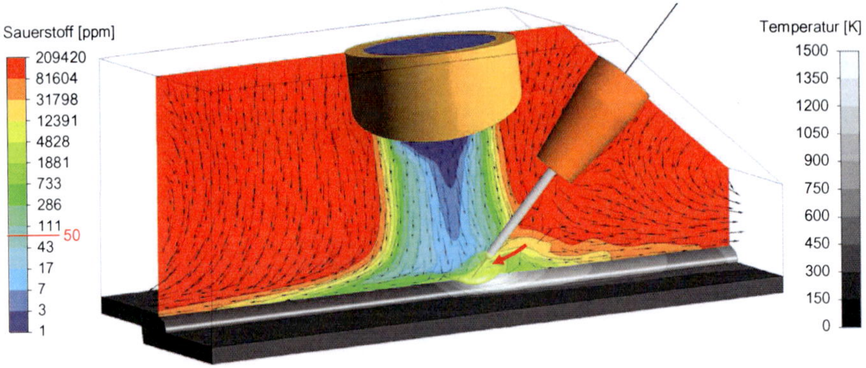

Abbildung 7.2: Visualisierung der Schutzgasabdeckung bei nichtkonzentrischer Schutzgaszuführung

8 Zusammenfassung

Das MSG-Schweißverfahren ist das am häufigsten eingesetzte Verfahren in der Schweißtechnik. Die Prozessstabilität und das Schweißergebnis werden dabei entscheidend durch die Qualität der Schutzgasabdeckung bestimmt. Ein umfassendes Verständnis der Strömung im Brenner und die Kenntnis über die Wechselwirkung von Schutzgasströmung und Prozess bilden daher die Grundlage für die Entwicklung von wirtschaftlichen MSG-Schweißprozessen, insbesondere für die Anwendbarkeit des Verfahrens für atmosphärensensible Werkstoffe. Im Rahmen der Arbeit wurden geeignete Methoden für die Strömungsanalyse an MSG-Schweißprozessen ausgewählt, weiterentwickelt und angewendet, um die Wechselwirkungen zwischen der Brennergeometrie, dem Prozess und der Qualität der Schutzgasabdeckung aufzuzeigen sowie Empfehlungen für die Brennerkonstruktion und Verfahrens-anwendungen abzuleiten.

Zur Visualisierung und Analyse von Schutzgasströmungen wurden die Numerische Simulation, die Particle Image Velocimetry (PIV), die Schlierentechnik und die Sauerstoffmessung angewendet. Es wurde ein numerisches Modell entwickelt, das die Möglichkeiten der Visualisierung von Strömungen mit den Vorteilen der computergestützten Auslegung von Brennergeometrien, Prozessparametern oder Randbedingungen kombiniert. Das Modell berücksichtigt die komplexe brennerinterne Strömungsgeometrie, temperaturbedingte Diffusionseffekte, die Entstehung und den Transport turbulenter Strömungsstrukturen, die elektromagnetische Beeinflussung der Strömung durch den Lichtbogen und die für den MSG-Prozess charakteristische Metallverdampfung sowie energetische Abstrahlungsverluste.

Um Strömungsgeschwindigkeiten und Wirbelformationen im Schutzgasfreistrahl des MSG-Schweißprozesses zu visualisieren und zu analysieren, wurde die Particle Image Velocimetry (PIV) eingesetzt. Durch das Verwenden eines gepulsten Beleuchtungslasers und einer Hochgeschwindigkeitskamera wurden erstmals umfassende Analysen des zeitbestimmten Verhaltens der Schutzgasströmung an MSG-Schweißprozessen mittels kontinuierlicher Aufnahmen durchgeführt.

Um Turbulenzen zu visualisieren, wurde die Schlierentechnik eingesetzt. Durch Weiterentwicklung des Beleuchtungssystems und der Optik wurden im Rahmen dieser Arbeit erstmals Untersuchungen am MSG-Prozess ermöglicht. Es wurden die Einflüsse der Brennergeometrie, der Prozessparameter und der Brennerverschmutzung auf die Turbulenz im Schutzgasfreistrahl visualisiert.

Um die Schutzgasabdeckung an MSG-Brennern quantitativ zu bewerten wurde die Sauerstoffmessung weiterentwickelt. Hierfür wurden kurze Wolframstifte in die MSG-Brenner eingepresst und die Messmethode für Linien- und Flächenmessungen automatisiert. Die Methode ist geeignet, um auch die Auswirkungen geringer Geometrieänderungen aufzuzeigen und die brennerspezifische, optimale Gasmenge zu ermitteln.

Es wurde festgestellt, dass durch die Kombination der Methoden das Aussagevermögen der Einzelergebnisse vervielfacht und abgesichert wird. Einerseits ermöglichen die experimentellen Methoden die Validierung des numerischen Modells und den Nachweis der berechneten Strömungseigenschaften. Andererseits wird durch die Simulation die Analyse und Charakterisierung der Schutzgasströmung in den verdeckten Bereich im Brenner und die komplexe Analyse von Ursache-Wirkungszusammenhängen realisiert. Deshalb wurden die Methoden im Rahmen der Arbeit nicht nur weiterentwickelt, sondern in einem Methodenbaukasten für die Optimierung von Schutzgasströmungen systematisiert.

Der entwickelte Methodenbaukasten wurde angewendet, um die Mechanismen von Schutzgasströmung und Schutzgasabdeckung systematisch zu analysieren und zu charakterisieren. Im Rahmen der Arbeit wurde sowohl die Strömung im Schweißbrenner als auch die Interaktionen zwischen dem Verfahren und dem Schutzgasfreistrahl untersucht. Es wurden die Abhängigkeiten der Schutzgasabdeckung von der Brennergeometrie, den Prozessparametern und den fertigungstechnischen Randbedingungen analysiert und beschrieben.

Es wurde erkannt, dass die herkömmliche konstruktive Umsetzung der brennerinternen Gasführung, insbesondere die Gestaltung des Gasverteilers, zur Entstehung von turbulenten und ungleichmäßigen Strömungsprofilen führt. Insbesondere bei kurzen Brennern mit geringen Strömungsquerschnitten und hohen Strömungsgeschwindigkeiten im Brenner werden diese Wirbel und Turbulenzen bis in den Prozessbereich transportiert und beeinträchtigen die Qualität der Schutzgasabdeckung.

Die Strömung zwischen Schutzgasdüse und Werkstück wird durch den Lichtbogen bestimmt. Ohne Lichtbogen bildet sich unter dem Stromkontaktrohr ein Totwassergebiet bzw. ein Wirbelfeld, in welchem sich hohe Sauerstoffkonzentrationen lange erhalten. Der Lichtbogen ändert dieses Strömungsverhalten grundlegend und beschleunigt das Gas zur Lichtbogenachse. Dadurch wird die Schutzgasströmung zum einen stabilisiert. Zum anderen führt die hohe Temperatur des Lichtbogens zu hohen Diffusionsgeschwindigkeiten in den langsam strömenden, heißen Außenbereichen des Lichtbogens und zur Verunreinigung des Gasschutzes. Die Schutzgasströmung und die Qualität der Gasabdeckung folgt Änderungen im Schweißprozess. Ursachen sind z.B. Änderungen im Stromverlauf oder Prozessunregelmäßigkeiten.

Spritzerablagerungen an Brennerkomponenten führen nicht prinzipiell zu einer Verschlechterung des Gasschutzes. Während bereits geringe Verunreinigungen im oberen Strömungsraum, zwischen Gasverteiler und innerer Gasdüsenwand, eine erhebliche Verschlechterung des Gasschutzes bewirken, sind Ablagerungen im unteren Bereich der Gasdüse von geringerer Relevanz. Diese sind nur bei sehr großen Schweißspritzern kritisch.

Aus den Erkenntnissen zu den Mechanismen der Schutzgasströmung wurden Hinweise für die Brennerkonstruktion und die Anwendung von MSG-Prozessen abgeleitet. Für eine hochwertige Schutzgasabdeckung ist im Brennerinneren besonders die Strömung am Gasverteiler zu optimieren. Eine über den Brennerumfang gleichmäßige Anströmung des Gasverteilers ist die Grundlage für eine gleichmäßige und turbulenzarme Schutzgasströmung. Je gleichmäßiger die Anströmung des Gasverteilers erfolgt, umso größer können die Bohrungen im Verteiler ausgelegt werden und umso geringer sind die aus hohen Strömungsgeschwindigkeiten resultierenden Turbulenzen. Es wird empfohlen für verschiedene Stromstärken und Gasmengen unterschiedliche Konstruktionen des Gasverteilers zu verwenden. Mit steigenden Stromstärken und Gasverbrauch sollte entweder die Anzahl oder der Durchmesser der Bohrungen im Gasverteiler vergrößert und damit Turbulenzen und Instationäritäten gemindert werden. Außerdem wurde ein neues Gasverteilungskonzept entwickelt, bei dem die Gasverteilung bereits oberhalb des herkömmlichen Gasverteilers, z.B. durch ein poröses Material, erfolgt und die Funktion des herkömmlichen Gasverteilers auf den Spritzerschutz reduziert wird. Die Strömungsräume im Brenner sollten möglichst groß und über den Brennerumfang gleich ausgelegt werden, so dass dem Schutzgas ausreichend Zeit zur Laminarisierung gegeben wird. Im Hinblick auf einen kurzen effektiven Gasspülprozess sollten brennerinterne Strömungstoträume konstruktiv vermieden werden.

Weiterhin ist eine gute Lichtbogenanströmung die Grundlage für eine hochwertige Schutzgasabdeckung. Dies wird vor allem durch die Gestaltung des Strömungsraums zwischen Düsenstock, Stromdüse und Gasdüse realisiert. Gasdüsen sollten stets konisch ausgelegt werden und den Lichtbogen im oberen Bereich mit Schutzgas anströmen. Um die Verunreinigung der Schutzgasabdeckung durch ungünstige Wirbel am Werkstück zu vermeiden, ist es vorteilhaft das Strömungsprofil innen schnell und außen langsam zu gestalten. Die Stromdüse sollte im Bezug zur Gasdüse 1-5 mm zurückstehen.

Durch die im Rahmen der Arbeit durchgeführten Untersuchungen wurden die Anwenderhinweise zum Erzielen einer hochwertigen Schutzgasabdeckung aus der Literatur weitestgehend bestätigt. Dies betrifft insbesondere die Kompensation von hohen Stromstärken mit einer Erhöhung der Gasmenge. Gerade beim Impulsschweißen werden Schutzgasströmung und Gasabdeckung stark durch den Stromanstieg (Upslope) beeinflusst. Die erkannten Wechselwirkungen zwischen Stromstärke und Gasströmung begründen die Entwicklung von Impulsprozessen, die speziell auf eine hohe Qualität der Schutzgasabdeckung abzielen.

Beim Schweißen sensibler Werkstoffe sollten möglichst Brenner mit langen Gasdüsen eingesetzt werden. Kurze Brenner (z.B. aus der automatisierten Schweißfertigung) zeigen im Vergleich zu Handschweißbrennern eine deutlich schlechtere Gasabdeckung. Wenn aus Gründen der Zugänglichkeit der Abstand zwischen Gasdüse und Werkstück vergrößert werden muss, ist es aus Sicht der Schutzgasabdeckung zu empfehlen den Abstand des kompletten Brenners zu erhöhen und nicht nur kürzere Gasdüsen zu verwenden.

Bei der Reinigung von Schweißbrennern durch Fräser oder manuelle Hilfsmittel ist darauf zu achten, dass Verschmutzungen nicht im Brenner nach oben geschoben, sondern komplett aus dem Strömungsraum entfernt werden. Im unteren Bereich der Gasdüse ist es im Hinblick auf die Gasabdeckung ausreichend, lediglich große Spritzer (mehrere Millimeter Durchmesser) abzutragen.

Zusammenfassend stehen durch die Arbeit Methoden zur Verfügung, die die Visualisierung und Analyse von Schutzgasströmung und Schutzgasabdeckung beim MSG-Schweißen ermöglichen. Durch die kombinierte Anwendung dieser Methoden wurden Ursache-Wirkungszusammenhänge komplexer strömungstechnischer Effekte beschrieben und neue Erkenntnisse herausgearbeitet. Es wurden Empfehlungen für die Brennerkonstruktion und die Anwendung des MSG-Prozesses abgeleitet. Die neuen

Methoden der Strömungsanalyse und das erarbeitete Wissen über Schutzgasströmung und Gasabdeckung wurden bisher nicht nur in verschiedenen Industrieanwendungen sowohl für die Brennerentwicklung als auch für die Prozessanalyse eingesetzt, sondern auch als Methoden für die unternehmensinterne Entwicklung etabliert [154].

9 Literaturverzeichnis

[1] DIN 1910-100:2008-02: Schweißen und verwandte Prozesse - Begriffe - Teil 100: Metallschweißprozesse mit Ergänzungen zu DIN EN 14610:2005, Beuth Verlag GmbH, Berlin, 2008

[2] DIN 8593-0:2003−09: Fertigungsverfahren Fügen - Allgemeines - Einordnung, Unterteilung, Begriffe, Beuth Verlag GmbH, Berlin, 2003

[3] DIN 8593-6:2003−09: Fertigungsverfahren Fügen - Fügen durch Schweißen - Einordnung, Unterteilung, Begriffe, Beuth Verlag GmbH, Berlin, 2003

[4] DIN EN 14610:2004: Schweißen und verwandte Prozesse - Begriffe für Metallschweißprozesse, Beuth Verlag GmbH, Berlin, 2005

[5] Kocab, H. B.: Neue Lichtbogenarten – Perfekte Schweißtechnik – Blick in die Zukunft, DVS-Berichte Bd. 275. S.246-249, ISBN 978-3-87155-267-0, Düsseldorf 2011

[6] Bruns, C.; Müller, T.; Liedtke, M.; Scheller, W.: Schweißen im Kranbau - Nahteigenschaften hochfester Rohre, DVS-Berichte Bd. 275. S.399-405, ISBN 978-3-87155-267-0, Düsseldorf 2011

[7] Miesbach, R.: MSG-Hochleistungsschweißen bei maßgenauer Fertigung im Schiffbau - Tendenzen und Ausblicke. 5. Aachener Schweißtechnik Kolloquium, Tagungsband Hochleistungsschutzgasschweißen, Fortschritte, Erfahrungen, Tendenzen, S.135-150, Shaker Verlag, ISBN 3-8265-2598-1, Aachen, 1997

[8] Hentschel, D.: Rationalisierung durch Einsatz der Robotertechnik in der Gabelstaplerproduktion. 9. Internationales Aachener Schweißtechnik Kolloquium, Fügen im Fahrzeugbau - Verfahren, Fortschritte, Anwendungen, S. 239-252 Shaker Verlag, ISBN 3-8322-2840-3, Aachen, 2004

[9] Teßmar, V.; Jüttner, S.: Entwicklungen und Anwendungspotentiale der Lichtbogentechnologien für die zukünftige Automobilfertigung. Dresdner Fügetechnisches Kolloquium 2006, Der Lichtbogen - Eine Technologie mit nicht ausgeschöpften Potentialen, Dresden, 2006

[10] Teßmar, V.; Jüttner, S.; Schauder, V.: Automatisierte Qualitätssicherung für das Schutzgasschweißen und -löten. Neue Methode mit hohem wirtschaftlichen Potential. Dresdner Fügetechnisches Kolloquium 2009, Schweißtechnik - Faszination in Forschung und Fertigung, ISBN 978-3-86780-115-7, Dresden, 2009

[11] Heuter, B.: ColdArc-Schweißen von sicherheitsrelevanten Baugruppen in der Automobilindurstrie. DVS-Berichte Bd. 258. S.154, ISBN 978-3-87155-584-8, Düsseldorf, 2009

[12] Kupetz, G.; Schlenk, W.: Einsatz des MAGM-Hochleistungs-Engspaltschweißen im Energieanlagenbau, 5. Aachener Schweißtechnik Kolloquium, Tagungsband Hochleistungsschutzgasschweißen, Fortschritte, Erfahrungen, Tendenzen, S.109-118, Shaker Verlag, ISBN 3-8265-2598-1, Aachen, 1997

[13] Homberg, H. D.: Hochleistungsschweißen mit Fülldraht. 5. Aachener Schweißtechnik Kolloquium, Tagungsband Hochleistungsschutzgas-schweißen,

Fortschritte, Erfahrungen, Tendenzen, S.173-176, Shaker Verlag, ISBN 3-8265-2598-1, Aachen, 1997

[14] Zimmermann, G.: Automatisiertes Schweißen von Gasturbinengehäusen. DVS-Berichte Bd. 258. S.339-342, ISBN 978-3-87155-584-8, Düsseldorf 2009

[15] Füssel, U.; Kruscha, J.; Reisgen, U.; Schein, J.; Uhrlandt, D.; Weltmann, K.-D.; Wilden, J.: Präambel zum DFG/AiF-Clusterantrag "Lichtbogenschweißen - Physik und Werkzeug", Berlin, 2007

[16] Zschetzsche, J., "Diagnostik von Schutzgasschweißprozessen, Dissertation, Technische Universität Dresden, Verlag der Wissenschaften, ISBN-13 978-3-940046-33-8, Dresden, 2007.

[17] Reisgen, U.: Einfluss von Gasschläuchen auf die Feuchte-, Wasserstoff und Sauerstoffproblematik in Schutzgasschweißprozessen, AiF-Abschlussbericht 14.426 N, Aachen, 2007

[18] Baum, L.; Fichter, V.: Der Schutzgasschweißer, Teil II, MIG/MAG-Schweißen. Leitfaden für Ausbildung und Praxis , DVS-Verlag, ISBN 3-87155-539-8, Düsseldorf, 1999.

[19] Dilthey, U.: Schweißtechnische Fertigungsverfahren - Band 1 - Schweiß- und Schneidtechnologien, 3. Auflage, Springer Verlag Berlin Heidelberg, ISBN 3-540-21673-1, Berlin, 2006

[20] DIN EN ISO 14175:2008-06: Schweißzusätze - Gase und Mischgase für das Lichtbogenschweißen und verwandte Prozesse. Beuth Verlag GmbH, Berlin, 2008

[21] Schulze, G.; Krafka, H.; Neumann, P.: Schweißtechnik: Werkstoffe - Konstruieren - Prüfen, VDI-Verlag GmbH, ISBN 3-18-401007-4, Düsseldorf, 1992

[22] Goecke, S.-F.: Auswirkungen von Aktivgaszumischungen im vpm-Bereich zu Argon auf das MIG-Impulsschweißen von Aluminium. Dissertation, Technische Universität Berlin, Berlin, 2005

[23] Dilthey, U.: Schweißtechnische Fertigungsverfahren - Band 2 - Verhalten der Werkstoffe beim Schweißen, 3. Auflage, Springer Verlag Berlin Heidelberg, ISBN 3-540-21674-X, Berlin, 2005

[24] ESAB GmbH: Schweißfehler und -probleme. www.ftb-krevet.de/app/download/5783582818/Esab+Schweissfehler.pdf, Zugriff: 27.05.2013

[25] Baumberger Schweißtechnikhandel GmbH & Co. KG: Allgemeine Schweißfehler, http://www.baumberger.de/pages/informationen/allgemeine-schweissfehler.php, Zugriff: 27.05.2013

[26] MIG WELD GmbH International: Aluminiumschweißen - Schweißnahtfehler und ihre Vermeidung, http://www.migweld.de/service/schweissen-von-aluminium/schweissnahtfehler-und-vermeidung.html, Zugriff: 27.05.2013

[27] DIN EN 10027-1:2005-10: Bezeichnungssystem für Stähle. Teil 1: Kurznamen. Beuth Verlag GmbH, Berlin, 2005

[28] Air Liquide: Schweiss-Schutzgase - Verfahren und Anwendungen. http://www.airliquide.at/inc/dokument.php/standard/805/Schweissschutzgase_2010_small.pdf, Zugriff 28.08.2012

[29] Lahnsteiner, R.: T.I.M.E.-Process - Ein MAG-Hochleistungsschweißverfahren setzt sich durch. 5. Aachener Schweißtechnik Kolloquium, Tagungsband

Hochleistungsschutzgasschweißen, Fortschritte, Erfahrungen, Tendenzen, S.71-81, Shaker Verlag, ISBN 3-8265-2598-1, Aachen, 1997

[30] Lehrunterlagen zur Ausbildung zum Internationalen Schweißfachingenieur nach Richtlinie IIW®-DVS 1170, Gesellschaft für Schweißtechnik Inter-national GmbH, 2012

[31] Miklos, E.: Schutzgase und Verfahren zum Metallschutzgasfügen mit wechselnder Polarität. Patentanmeldung, EP1491278A2 bzw. EP1491278A3, Kirchheim, 2005

[32] Linde PanGas: Die richtigen Schutzgase für jedes Schweißverfahren. Informationsmaterial, http://www.pangas.ch/international/web/lg/ch/likelgchpangasde.nsf/repositorybyalias/pangas_schutzgasauswahl_d/$file/PanGas_Schutzgasauswahl_D.pdf, Zugriff: 10.08.2012

[33] Schubert, E.: Entwicklung von marktspezifischen Brennern zum Metall-Schutzgasschweißen. DVS-Berichte Bd. 258. S.202-205, ISBN 978-3-87155-584-8, Düsseldorf, 2009

[34] Seitzer, W. H.: Verfahren zur Herstellung von Wasserstoff durch thermische Zersetzung von Wasserdampf. Patentschrift DE2438264C2, München, 1988

[35] Zielinska, S.; Musiol, K; Dzierzega, K.; Pellerin, S.; Valensi, F.; Izarra, C. d.; Briant, F.: Investigations of GMAW plasma by optical emission spectroscopy. Plasma Sources Science and Technology, 16(2007), p. 832-838, Bristol, 2007

[36] Rouffet, M. E.; Wendt, M.; Gött, G.; Kozakov, R.; Schöpp, H.; Weltmann, K.D.; Uhrlandt, D.: Spectroscopic investigation of the high-current phase of a pulsed GMAW process, Journal of Physics D: Applied Physics, 43(2010), p. 1-9, Bristol, 2010

[37] Schnick, M.; Füssel, U.; Hertel, M.; Spille-Kohoff, A.; Murphy, A. B.: Metal vapour causes a central minimum in arc temperature in gas–metal arc welding through increased radiative emission. Journal of Physics D: Applied Physics, 43(2010), p. 1-5, Bristol, 2010

[38] Nowasz, M.: Untersuchung der Einflussfaktoren Umgebungsluft und Luftfeuchtigkeit beim MIG/MAG Schweißen. Diplomarbeit, Hochschule für Technik und Wirtschaft Dresden, Dresden, 2007

[39] Killing, R.: Über die Ursache für das Zerplatzen von Tropfen beim Metall-Aktivgasschweißen un- und niedrig legierter Stähle. Schweißen und Schneiden, 55(2003), Heft 8, S. 445-447, DVS-Verlag, ISSN 0036-7184, Düsseldorf, 2003

[40] Teßmar, V.: Diskussion zur Gasschutzproblematik in der Karosseriefertigung. Volkswagen AG, Schweißkompetenzzentrum, Braunschweig, 2012

[41] Lang, A.: Diskussion zur Gasschutzproblematik in der Fahrwerksfertigung. BMW Group, Dingolfing, 2012

[42] Trube, S.; Ammann, T.: Schutzgase zum Schweißen und Formieren von CrNi-Stählen / Shielding gases for welding and root shielding of chrome nickel steels. veröffentlicht in: Jahrbuch Schweißtechnik 2001, DVS-Verlag, Düsseldorf 2001, Zugriff über http://www.linde-gas.de/international/web/lg/de/like35lgde.nsf/repositorybyalias/schutzgasschweissen/$file/schutzgaseschweissen.pdf am 13.08.2012

[43] Ammann, T.: Formieren beim Schweißen. Publikation von Linde Gas, http://www.dvs-ev-bvschwaben.de/files/vortrag/linde/LINDE-FA%20-%20Formieren%20beim%20Schweissen.pdf, Zugriff: 28.08.2012

[44] Ruge, J.; Radebold, L.: Einfluss von durch Schweißen erzeugten Oxidfilmen auf die Lochfraßbeständigkeit nichtrostender austenitischer Chrom-Nickel-Stähle in annähernd neutralen Chloridlösungen. BMFT-Abschlußbericht FE-KKs, Vol. 5, Proj.-Nr. B2.6/3, Frankfurt, 1990

[45] AWS D18.2:1999: Guide to Weld Discoloration Levels on Inside of Austenitic Stainles Steel Tube. American Welding Society, Miami, 1999

[46] Finke, M.: Einfluss thermisch erzeugter Deckschichten auf die Korrosionsbeständigkeit geschweißter CrNi-Stähle. Dissertation, TU Braunschweig, ISBN 3-89720-251-4, Braunschweig, 1998

[47] Finke, M.; Pries, H.; Wohlfahrt, H.: Aufbau und Korrosionsanfälligkeit der Oxidschichten bei CrNi-Stählen. 4. VSA-Symposium, Bad Kissingen, Tagungsband. Industrieverband Schornsteinbau und Abgastechnik e.V. (VSA), Bad Kissingen, 1999

[48] Henkel, G.; Henkel, B.: Hinweise zur Herstellung und Prüfung von Orbitalschweißnähten im sensiblen Edelstahlrohrleitungsbau. Henkel Beiz- und Elektropoliertechnik, Technical Bulletin, Aufsatz-Nr. 46/Rev. 02, Waidhofen, 2003

[49] Wohlfahrt, H.; Köstermann, H.: Schweißbedingte Anlauffarben – müssen grundsätzlich blanke Nähte gefordert werden? Abschätzung des korrosiven Einflusses von gelben Anlauffarben auf geschweißte CrNi(Mo)-Stähle, Abschlussbericht des AiF-Vorschungsvorhabens, AiF 11.381 N/1.DVS 1.017, Braunschweig und Hannover, 2001

[50] Kopitzke, T.: Anlauffarben und deren Beseitigung. Vortrag Arbeitsgruppe V2.3 des DVS, Finsterwalde, 2010

[51] Allgemeine bauaufsichtliche Zulassung Z-30.3-6. Erzeugnisse, Bauteile und Verbindungen aus nichtrostenden Stählen. Deutsches Institut für Bautechnik, Berlin, 2009

[52] DIN EN 12502-4:2004: Korrosionsschutz metallischer Werkstoffe – Hinweise zur Abschätzung der Korrosionswahrscheinlichkeit in Wasserverteilungs- und -speichersystemen – Teil 4: Einflussfaktoren für nichtrostende Stähle. Beuth Verlag GmbH, Berlin, 2004

[53] Steidl, F.; Stibbe, R.; Knödel, P.: Anlauffarben im Bauwesen - immer wieder strittig. DVS-Berichte Bd. 267. S.288-296, ISBN 978-3-87155-592-3, Düsseldorf 2010

[54] Vagn Hansen, J.: Influence of residual oxygen on the welding result. Proceedings of International Symposium on Orbital Welding, La Baule, 1997

[55] Warzawa, M.: Merkblatt DVS 0969 Vermeidung, Bewertung und Beseitigung von Anlauffarben - Stand und Ausblick. DVS-Berichte Bd. 275. S.44-49, ISBN 978-3-87155-267-0, Düsseldorf 2011

[56] Ammann, T.: Formieren beim Schutzgasschweißen. Vortrag Arbeitsgruppe V2.3 des DVS, Finsterwalde, 2010

[57] Aichele, G.: Schutzgasschweißen von Aluminium. Mit Argon oder Argon-Helium-Gemischen. Aluminium 73(1997), Heft 11, S. 795-800

[58] Farwer, A.: Recent investigations on MIG and TIG aluminium welding with different shielding gases. IIW Doc. XII-1436-96, 1996

[59] Farwer, A.: Neue Untersuchungen zum MIG- und WIG-Schweißen von Aluminium mit verschiedenen Schutzgasen. Metall 51(1997), Heft 1/2, S. 51-56

[60] Fukui, T.; Sugiyama, Y.: Effects of nitrogen, oxygen and hydrogen gases added to argon gas on MIG-welding of aluminium alloys. Transaction of the Japan Welding Society, S. 19-27, 1970

[61] Brenner, V.: Schweißen von Aluminium. Vortragsunterlagen, Ludwigshafen, 2012, http://www.dvs-ma-lu.de/Downloads/Aluminium-Schweissen.pdf, Zugriff: 27.05.2013

[62] Anik, S.; Dorn, L.: Metallphysikalische Vorgänge beim Schweißen von Kupfer und Kupferlegierungen - Werkstoffliche Grundlagen. Schweißen und Schneiden, 39(1987), Heft 12, ISSN 0036-7184, Düsseldorf, 1987

[63] Deutsches Kupferinstitut: Schweißen von Kupfer und Kupferlegierungen. Informationsdruck i.12, Düsseldorf, 2009

[64] Deutsches Kupferinstitut: Oberflächenbehandlung und Anlauffarben. http://www.kupferinstitut.de/front_frame/frameset.php3?idcat=371&client=1&idside=344&idcatside=995&lang=1&parent=1, Zugriff: 27.05.2013

[65] DVS Merkblatt 0601: Schweißen von Nickel und Nickellegierungen. Düsseldorf, 1998

[66] Heubner, U.; Klöwer, J.: Nickelwerkstoffe und hochlegierte Sonderedelstähle - Eigenschaften, Verarbeitung, Anwendungen. Expert-Verlag, 4. Auflage 2009, ISBN 973-38169-2859-1, Renningen, 2009

[67] Roos, E.; Maile, K.: Werkstoffkunde für Ingenieure: Grundlagen, Anwendung, Prüfung. 3. Auflage, Springer Verlag Berlin, ISBN 978-3-540-68403-9, Heidelberg, 2008

[68] Erich, A.: Diskussion des Einsatzpotentials von Gasschutzsystemen für das Schweißen von Nickelbasislegierungen bei der Sosta GmbH & Co. KG. Könnern, 2013

[69] Jüttner, S.: Untersuchungen zum Schutzgasschweißen von Magnesiumlegierungen für Konstruktionsbauteile im Automobilbau. Dissertation, Shaker Verlag, Aachen, 2000

[70] Dilger, K.; Vogt, M.: Mechanisiertes MIG-Schweißen von Magnesiumlegierungen. Abschlussbericht AiF 13.143N, Braunschweig, 2004

[71] Hufnagel, R.K.: Titan - Hinweise zum Schweißen von Titan und Titanlegierungen. Informationsblatt Hufnagel GmbH, Bretten, 2008

[72] Brune, E.: Titan-Schweisstechnik - Schweisstechnische Verarbeitung von Titanwerkstoffen. Linde Gas, PanGas Sonderdruck, Luzern, 2005

[73] DVS Merkblatt 2713: Schweißen von Titanwerkstoffen - Werkstoffe, Prozesse, Fertigung, Prüfung und Bewertung von Schweißverbindungen, Düsseldorf, 2003

[74] DVS Merkblatt 2713 / Beiblatt: Schweißen von Titanwerkstoffen - Musterbilder von Anlauffarben, Düsseldorf, 2003

[75] DVS Merkblatt 0937: Wurzelschutz beim Schutzgasschweißen, Düsseldorf, 2001

[76] Dilthey, U.; Holzinger, K.; Gollnik, J.: Verbesserte Schutzgasführung in MIG/MAG-Prozessen durch Optimierung von handelsüblichen Brennersystemen. Abschlussbericht zum AiF Projekt S485, Aachen, 2002

[77] Alexander Binzel Schweisstechnik GmbH & Co. KG: MIG/MAG-Katalog/Ersatzteilliste 2.0/V1, http://www.binzel-abicor.com/uploads/Content/Germany/PDF-Files/PDF_Files_MIGMAG/German/migmag-katalog_pro_m277de_2_0-v1_web.pdf, Zugriff: 02.08.2012

[78] EWM Hightec Welding GmbH: MIG/MAG Schweißbrenner-MT-Serie, http://www.ewm-group.com/de/service/downloads/broschueren-prospekte-und-handbuecher/1251-ewm-brenner-2011/download.html, Zugriff: 02.08.2012

[79] Dinse GmbH: BLACKline Handschweißsysteme, http://www.dinse-gmbh.de/media/1/1/1708/dinse_blackline_hand.pdf, Zugriff: 02.08.2012

[80] TBi Industries: Classic - TBi 240 (DR) - MIG / MAG-Handschweißbrenner, http://www.tbi-industries.com/german/Produkte/240dr_prosp.pdf, Zugriff: 02.08.2012

[81] N. N.: http://schweissaufsicht.ansa.ch/mig/image/14.jpg, Zugriff: 27.05.2013

[82] Yokota, B.; Ito, R.: Torch for gas shielded arc welding using consumable electrode. Patentschrift EP1201346B1, Tokyo, 2006

[83] Kohlensäurewerke C.G. Rommenhöller GmbH.: Schutzgasschweißverfahren und Schweißpistole zur Durchführung desselben. Gebrauchsmuster. Patentschrift DE7928898U1, Bad Driburg-Herste, 1982

[84] Kohlensäurewerke C.G. Rommenhöller GmbH.: Schweißpistole. Gebrauchsmuster. Patentschrift DE8211393U1, Bad Driburg-Herste, 1982

[85] Bürkner, C.: MIG/MAG Schweißbrenner., Patentschrift DE10314278B4, Fernwald, 2004

[86] Kraus, W.; Gauter, E.: Einrichtung zur Erzielung eines homogenen Gasstroms beim Schutzgasschweißen. Patenschrift DD133537A1, Halle, 1977

[87] Vetten, A.: Brenner für ein Lichtbogenschweißgerät. Patentschrift EP2199006B1, Mündersbach, 2008

[88] Bürkner, G.: Verfahren zum Schutzgasschweißen mit zeitlich veränderlicher Schutzgaszufuhr. Patenschrift DE102009035922A1, Dresden, 2009

[89] Yamazaki, K.; Suzuki, R.; Shimizu, H.; Koshiishi, F.: Spatter and Fume Reduction in CO_2 Gas Shielded Arc Welding by Regulated Globular Transfer. IIW Doc. XII-1993-10, Istanbul, 2010

[90] Rose, S.: Ansätze zur Entstehung und Reduzierung von Schweißrauchemissionen beim MSG-Schweißen unter Berücksichtigung neuer Verfahrensvarianten. Schweißen und Schneiden 64 (2012) Heft 4, S.188-195, ISSN 0036-7184, Düsseldorf, 2012

[91] spa welding systems GmbH: spa Beschichtungen, Technisches Datenblatt, http://2012.spa-welding.de/wp-content/uploads/2012/12/beschichtungen.pdf, Zugriff: 02.05.2012

[92] Weicon GmbH & Co.KG: Weicon Schweißschutz-Spray, Prospekt Technische Sprays, http://www.weicon.de/pages/de/download/prospekte/ WEICON%20 Technische%20Sprays.pdf, Zugriff: 02.05.2012

[93] Alexander Binzel Schweisstechnik GmbH & Co. KG: Zubehör Produktkatalog V2.1 / V1, http://www.binzel-abicor.com/uploads/Content/Germany/PDF-Files/PDF_Files_ACCESSORIES/German/PRO_A068_DE_Zubehoer_21V1_WEB.pdf, Zugriff: 31.07.2012

[94] TBi Industries: TBi JetStream - Automatisches Brennerreinigungsgerät, http://www.tbi-jetstream.de, Zugriff: 31.07.2012

[95] Fronius International GmbH: Elektromagnetisches Brennerreinigungssystem, Schweißen und Schneiden 55 (2003) Heft 1, S.11, ISSN 0036-7184, Düsseldorf, 2003

[96] Von der Ohe, J.: Neue Reinigungstechnik für Schutzgasschweißdüsen entwickelt, Schweißen und Schneiden 55 (2003) Heft 8, S.421-422, ISSN 0036-7184, Düsseldorf, 2003

[97] Alexander Binzel Schweisstechnik GmbH & Co. KG: ROBO Produktkatalog 3.0, http://www.binzel-abicor.com/uploads/Content/Germany/PDF-Files/PDF_Files_ROBO/German/ROBO_PROR143_DE_30_WEB.pdf, Zugriff: 31.07.2012

[98] Tomc, J.; Tusek, J.: Description of flow of shielding gases through nozzles in MIG/MAG and TIG welding processes. Science and Technology of Welding and Joining, 9(2004), Heft 3, S. 206-266, ISSN 1362-1718, Leeds, 2004

[99] Maecker, H. H.: Plasmaströmungen im Lichtbogen infolge eigenmagnetischer Kompression. Zeitschrift für Physik, 141, S. 198-216, Berlin, 1955

[100] Schnick, M.: Numerische und experimentelle Verfahrens- und Brennerentwicklung beim Plasmalichtbogenschweißen. Dissertation, Technische Universität Dresden, Verlag der Wissenschaften GmbH, ISBN 978-3-942710-16-9, Dresden, 2010

[101] Allum, C.J.: Gas flow in the column of a TIG welding arc. Journal of Physics D: Applied Physics, 14(1981), p. 1041-1059, Bristol, 1981

[102] Kim, W.-H.; Fan, H.G.; Na, S.J.: A Mathematical Model of Gas Tungsten Arc Welding Considering the Cathode and the Free Surface of the Weld Pool. Metallurgical and Materials, Transactions B, Volume 28B, 1997

[103] Landes, K.; Seger, G.; Tiller, W.: Bestimmung des Masseströmungsfeldes und der elektrischen Stromdichteverteilung in einem frei brennenden, wolfram-inertgasähnlichen Lichtbogen. Schweißen und Schneiden, 33(1981), Heft 1, DVS-Verlag, ISSN 0036-7184, Düsseldorf, 1981

[104] Sansonnens, L., Haidar, J., Lowke, J.: Prediction of properties of free burning arcs including effects of ambipolar diffusion. Journal of Physics D: Applied Physics, 33(2000), p. 148-157, Bristol, 2000

[105] Goecke, S.-F.; Metzke, E.; Spille-Kohoff, A.; Langula, M.: ChopArc: MSG-Lichtbogenschweißen für den Ultraleichtbau. Abschlussbericht, Fraunhofer IRB Verlag, ISBN 3-8167-6766-4, Berlin, 2005

[106] Radaj, D.: Schweißprozesssimulation: Grundlagen und Anwendung. DVS-Verlag, ISBN 3-87155-188-0, Düsseldorf, 1999

[107] Lowke, J.J., Morrow, R. and Haidar, J., A simplified unified theory of arcs and their electrodes, Journal of Physics D: Applied Physics, Vol. 30(1997), pp. 2033-2042, 1997

[108] Lowke, J.J., Tanaka, M.: LTE-diffusion approximation for arc calculation. Journal of Physics D: Applied Physics, Vol. 39(2006), pp. 3634-3643, 2006

[109] Wang, Y.; Huang, P.G.; Zhang, Y.M.: Numerical Analysis of Metal Transfer in Gas Metal Arc Welding under Modified Pulsed Current Conditions. Metallurgical and Materials Trans. B, Vol. 35B(2004), pp. 857-866, 2004

[110] Wang, F., Hou, W.K., Hu, S.J., Kannatey-Asibu, E., Schultz, W.W. and Wang, P.C., Modelling and analysis of metal transfer in gas metal arc welding. Journal of Physics D: Applied Physics, Vol. 36(2003), pp. 1143-1152, 2003.

[111] Haidar, J.: An analysis of the formation of metal droplets in arc welding. Journal of Physics D: Applied Physics, Vol. 31(1998), pp. 1233-1244, 1998

[112] Hu, J.; Tsai, H.L.: Heat and Mass Transfer in Gas Metal Arc Welding. Part I: The arc. International Journal of Heat and Mass Transfer, Vol. 50(2007), pp. 833-846, 2007

[113] Hu, J.; Tsai, H.L.: Heat and Mass Transfer in Gas Metal Arc Welding. Part II: The metal. International Journal of Heat and Mass Transfer, Vol. 50(2007), pp. 808-820, 2007

[114] Schnick, M., Hertel, M., Füssel, U., Hässler, M., Spille-Kohoff, A. and Murphy, A.B.: Numerische Unersuchungen zum Einfluss von Metalldampf auf den MSGLichtbogen. Schweißtechnik – Faszination in Forschung und Fertigung. Dresdner Fügetechnisches Kolloquium 2009, Technische Universität Dresden, Dresden, 2009.

[115] Schnick, M., Hertel, M., Füssel, U., Hässler, M., Spille-Kohoff, A. and Murphy, A.B.: Numerical Investigations of the Influence of Metal Vapour in GMA Welding. Welding in the World (2011), Volume 55, Issue 11-12, pp 114-120.

[116] Hertel, M.; Schnick, M.; Füssel, U.; Gorchakov, S.; Uhrlandt, D.: Numerical Simulation of GMAW Processes including effects of metal vapour and sheath mechanisms at the electrodes. Magnetohydrodynamics, Vol. 46 (2010), No. 4, pp. 363–370

[117] Füssel, U., Schnick, M. and Zschetzsche, J., Simulation and measurement of plasma and gas flows in plasma arc welding and cutting. Mathematical Modeling of Weld Phenomena 8, Verlag der Technischen Universität Graz, pp. 37-40, 2007.

[118] Cooper, P., Godbole, A. and Norrish, J., Modeling and Simulation of Gas Flows in Arc Welding – Implications for Shielding Efficiency and Fume Extraction. Proc. on the 60th Annual Assembly of the International Institute of Welding, Dubrovnik (Croatia), 2007.

[119] Speiseder, M.; Lang, A.: Optimierung des MIG-Schweißprozesses mit Hilfe der numerischen Simulation und PIV-Messung. Der Lichtbogen - Eine Technologie mit nicht ausgeschöpftem Potential. Dresdner Fügeteschnisches Kolloquium 2006, Technische Universität Dresden, Dresden, 2006

[120] Bürkner, G.; Szieslo, U.; Schnick, M.; Zschetzsche, J.; Füssel, U.; Zosel, J.: Simulationsberechnete und strömungsmessungsgestützte Plasmaschweiß-brennerentwicklung., DVS-Berichte, Band 240 (2006), S. 326-330, DVS-Verlag, ISBN-13: 978-3-87155-699-9, Düsseldorf, 2006

[121] Eckelmann, H.: Einführung in die Strömungsmeßtechnik. Teubner-Verlag, ISBN 3-519-02379-2, Stuttgart, 1997

[122] DANTEC Dynamics A/S: http://www.dantecdynamics.com, Zugriff: 27.08.2012

[123] LaVision GmbH: http://www.lavision.de, Zugriff: 27.08.2012

[124] Ruck, B.: Einfluss der Tracerteilchengröße auf die Signalinformation in der Laser-Doppler-Anemometrie. Technisches Messen, 57(1990), Heft 7/8, S. 284-295, ISSN 0171-8096, München, 1990

[125] Füssel, U., Zschetzsche J., Zosel, J. and Guth, U., Strömungsmessung in Lichtbogen- und Plasmaprozessen, Stiftung Industrieforschung, Forschungsvorhaben S 559, Abschlussbericht, 2005.

[126] Ebert, L.: Optimierung der Schweißraucherfassung an brennerintegrierten Absauganlagen. Abschlussbericht, AiF 14.436BR, Chemnitz, 2007

[127] LaVision: Laserinduzierte Fluoreszenz. http://www.lavision.de/de/techniques/lif_plif.php, Zugriff: 16.05.2013

[128] Dantec Dynamics GmbH: Microfluidics - LIF. Concentration, temperature and pH measurements. Publication No.: PI104v13

[129] LaVision: Diskussion zur Realisierung der LIF an Schutzgasschweiß-prozessen, Dr. Dittmar, 03.02.2012

[130] Settles, G. S., Schlieren and Shadowgraph Techniques, Springer Verlag, 2006.

[131] Russ, S.; Strykowski, P. J.; Pfender, E.: Mixing in Plasma and low density jets. Experiments in Fluids 16 (1994), Springer Verlag, S. 297-307, 1994

[132] Raghu, S.; Goutevenier, G.: Visualization of a high-speed, luminous plasma jet using a focusing schlieren technique. Experiments in Fluids, Volume 19, Issue 2, pp 136-138, 1995

[133] Zobel, T. W.: Erhöhung der Schneidgeschwindigkeit beim Brennschneiden durch neue Düsenformen; VDI-Verlag GmbH; Berlin; 1936

[134] Settles, G. S., Visualization of Liquid Metal, Arc and Jet Interactions in Plasma Cutting of Steel Sheat, 8th International Symposium on Flow Visualization, 1998.

[135] Kim, J.; Heberlein, J.; Lindsay, J.; Peters, J.: Methods to evaluate arc stability in plasma arc cutting torches. Journal of Physics D: Applied Physics, Vol. 43(2010), DOI10.1088/0022-3727/43/50/505202, 2010.

[136] Garcia, G.; McClure, J. C.; Hou, H.; Nunes, A. C.: Gas Flow Observation During VPPA Welding Using A Shadowgraph Technique; NASA-CR-204347

[137] Möller, F.: Visualization of gas flows for research and industry use. Bremer Institut für Angewandte Strahltechnik, BIAS Bulletin (2009) 01, p 2.

[138] Allemand, C. D.; Schoeder, R.; Ries, D. E.; Eagar, T. W.: A Method of Filming Metal Transfer in Welding Arcs; Welding Journal; Heft: 64; Seite 45-47; 1985

[139] Thiessen, W.; Poweleit, B.: Erfahrungen beim Schweißen gasempfindlicher hochreiner Werkstoffe. Materialwissenschaft und Werkstofftechnik Band 15, Ausgabe 5, S. 183-185, Weinheim, 1984

[140] Häßler, M.: Visualisierung von Strömungen am Lichtbogen durch Schlierenmesstechnik. Interdisziplinäre Projektarbeit. Technische Universität Dresden, Universität der Bundeswehr München, Linde Gas, München, 2009

[141] Fiedler, O.: Strömungs- und Durchflußmeßtechnik. Oldenbourg Verlag München, ISBN 3-486-22119-1, München, 1992

[142] Dantec Dynamics GmbH: Constant Temperature Anemometry (CTA) - Hot-wire anemometry. http://www.dantecdynamics.com, Zugriff 28.08.2012

[143] Dimpke, T.: Aufbau und Test einer Kalibriereinrichtung für 3D-Hitzdrahtsonden. Studienarbeit, Cottbus, 2007

[144] Fuentes Muñoz, J. E.: Einfluss der Brennergestaltung auf den WIG-Lichtbogen Dissertation, Dresdner Fügetechnische Berichte, Band 22/2011, ISBN 978-3-942710-41-1, 2011

[145] Rose, S.; Zschetzsche, J.: Zeitsynchrone kontinuierliche Diagnostik von Prozessgasströmungen während des Schweißens. Abicor Binzel Innovationspreis 2010, Buseck, 2010

[146] Dreher, M.; Füssel, U.; Rose, S.; Häßler, M.; Hertel, M.; Schnick, M.: Methods and results concerning the shielding gas flow in GMAW. Welding in the World, Vol. 57, Issue 3 (2013), Page 391-410, ISSN 0043-2288, DOI 10.1007/s40194-013-0038-2, 2013

[147] Gött, G.; Gorchakov, S.; Kozakov, R.; Rouffett, M.; Wendt, M.; Schöpp, H.; Uhrlandt, D.: Plasmadiagnostik und -modellierung am MSG-Lichtbogen. Lichtbogenkolloquium 2010, Zwischenbericht II zum DFG/AiF-Gemeinschaftsvorhaben Lichtbogenschweißen-Physik und Werkzeug, S.7-12, ISBN 978-3-941681-09-5, Aachen, 2010

[148] Spille-Kohoff, A.: Implementierung von Entmischung in ANSYS CFX. CFX Berlin Software GmbH, Berlin, 2007

[149] Murphy, A.B.: Transport Coefficients of Air, Argon-Air, Nitrogen-Air, and Oxygen-Air Plasmas, Plasma Chemistry and Plasma Processing, Vol. 15, No. 2, pp. 279-307, 1995

[150] Murphy, A.B.: The effects of metal vapour in arc welding, Journal of Physics D: Applied Physics, Vol. 43(2010), pp. 1-31, 2010

[151] Murphy, A.B.: Thermal plasmas in gas mixtures. Journal of Physics D: Applied Physics, Vol. 34(2001), pp. R151-R173, 2001

[152] ANSYS,Inc: ANSYS CFX Solver Theory Guide, Release 13.0, 2010

[153] Schubert, E.: Neue Entwicklungen bei Rauchabsaugbrennern. Dresdner Fügetechnisches Kolloquium 2012, Dresden, 2012

[154] Schubert, E.: Moderne Methoden zur Entwicklung von Schutzgasschweißbrennern. DVS Congress 2012, DVS-Berichte Bd. 286, S.181-185, ISBN 978-3-87155-593-0, Düsseldorf, 2012

[155] Füssel, U.; Dreher, M.; Schnick, M.: Strömungstechnische Auslegung von Brennersystemen zum wirtschaftlichen und emissionsreduzierten Lichtbogenschweißen. Abschlussbericht zum AiF-Projekt 15.871BR im Rahmen des DFG/AiF-Gemeinschaftsvorhabens „Lichtbogenschweißen-Physik und Werkzeug“, Dresden, 2012

10 Abbildungsverzeichnis

11 Tabellenverzeichnis

12 Anlagenverzeichnis

Anlage 1 Eigenschaften von Argon, Luft und Eisendampf nach [149]-[151]

Temperaturabhängige Eigenschaften der Reingase:

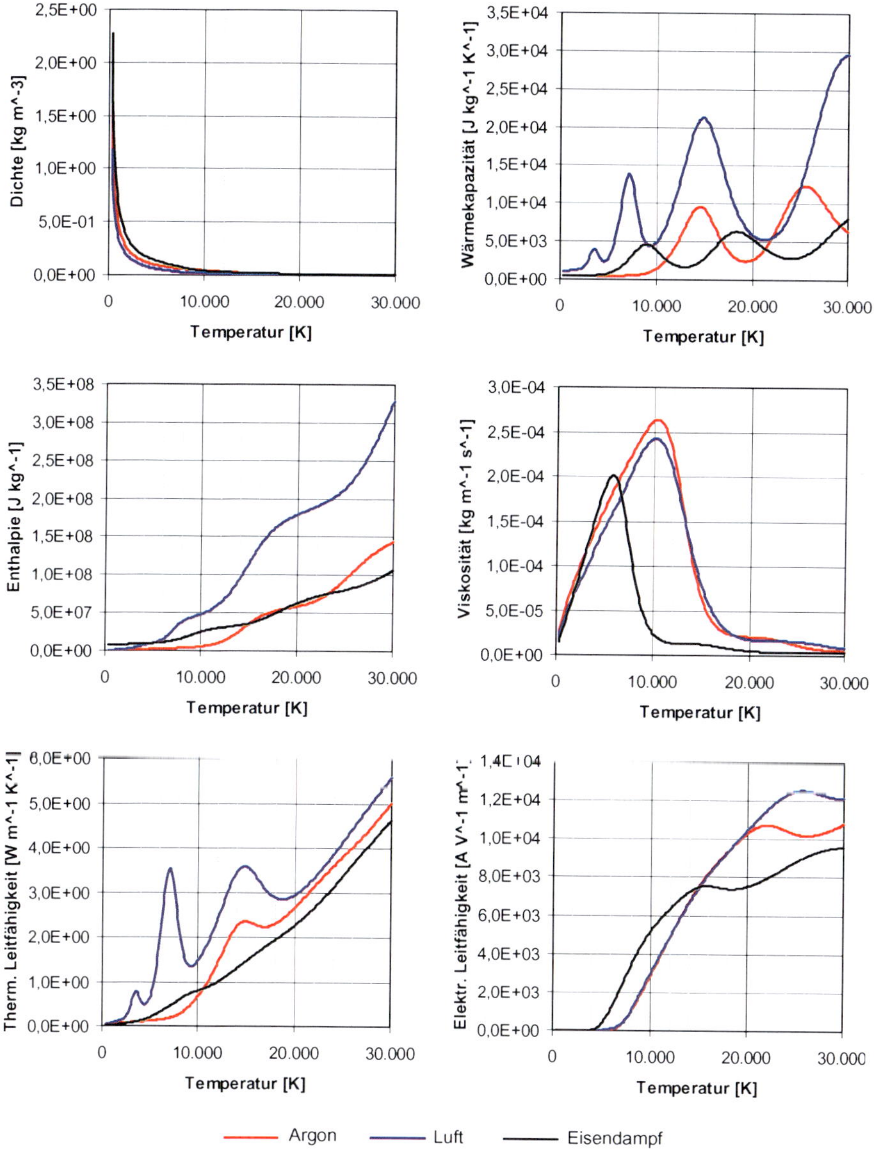

Temperaturabhängige Diffusionskoeffizienten von Argon-Luft-Gemischen:

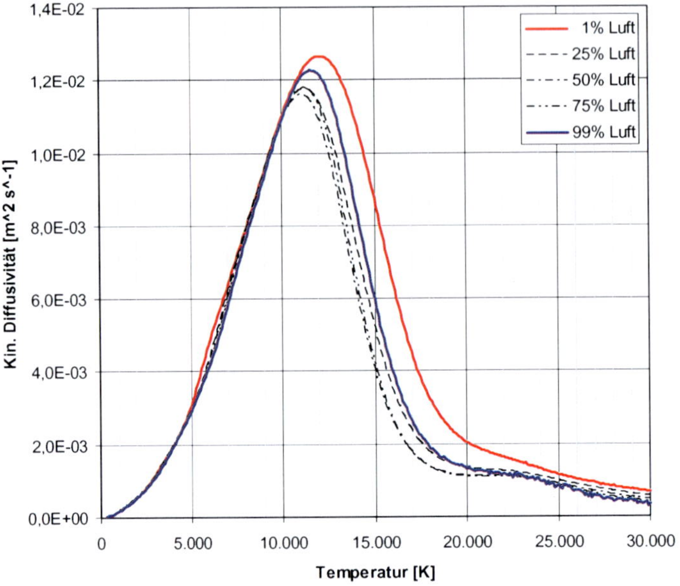

Temperaturabhängige Diffusionskoeffizienten von Argon-Eisendampf-Gemischen:

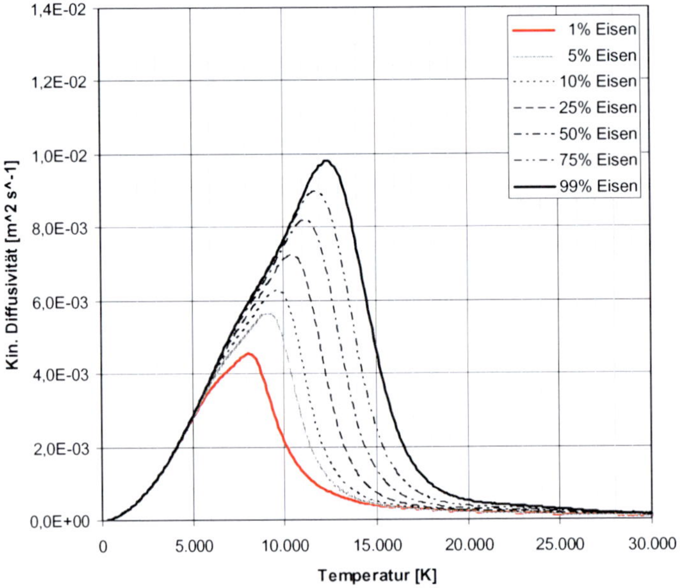

Anlage 2 Geometrievariationen für die Numerischen Untersuchungen

- 6° - Geometrien

- Realisierung gradierter Strömungen durch die Vorgabe von Profilen:

Standard

Vorgabe Strömungsprofil

- Variation der Gasdüsenform:

Ø 8 mm

Ø 11 mm

Ø 13 mm

Ø 16 mm

Ø 18 mm

Form A

Form B

Form C

Form D

- Variation der Gasdüsenposition:

+ 3 mm

0 mm

- 3 mm

- Variation des Brennerabstandes:

10 mm

15 mm

20 mm

- 90° - Geometrien

- Abbildung der Gasverteilung im oberen Brennerbereich:

ohne Gasverteilung

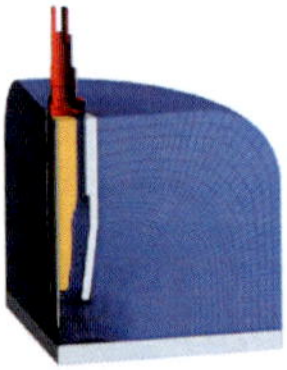
mit Gasverteilung

- Variation der Bohrungsgröße im Gasverteiler:

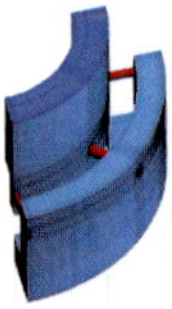
Ø 0,5 mm

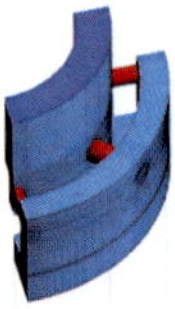
Ø 1,0 mm

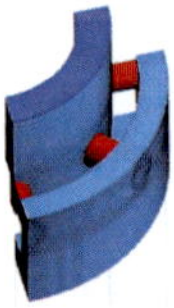
Ø 1,5 mm

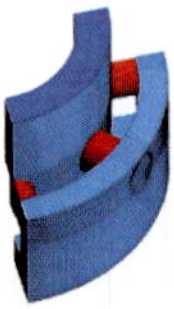
Ø 2,0 mm

- Variation der Bohrungsanzahl bei gleichem Gesamtquerschnitt:

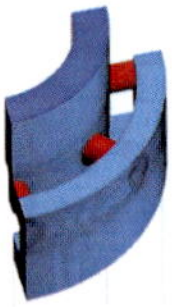
8 Bohrungen

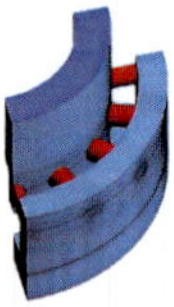
16 Bohrungen

24 Bohrungen

32 Bohrungen

- 180° - Geometrien

- Variation der Brennerneigung:

0° Neigung

10° Neigung

20° Neigung

30° Neigung

40° Neigung

Anlage 3 Erprobung Turbulenzmodell in Abhängigkeit der Modellgeometrie

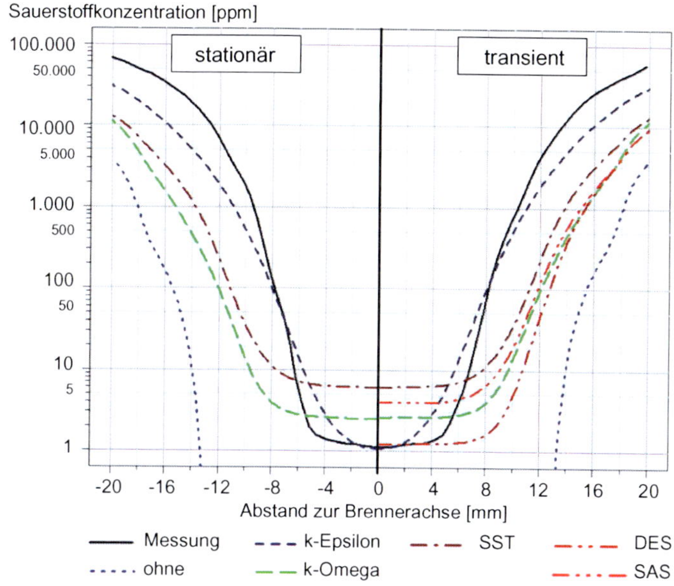

Geometrie 1:
6°-Modell

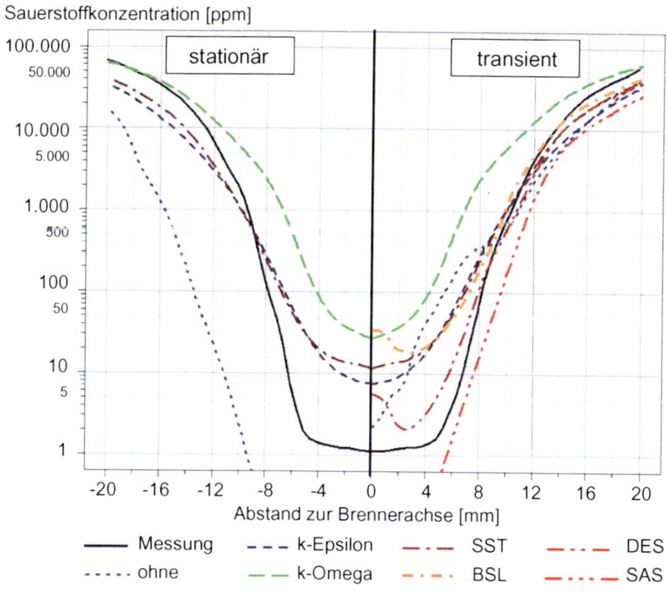

Geometrie 3:
90°-Modell

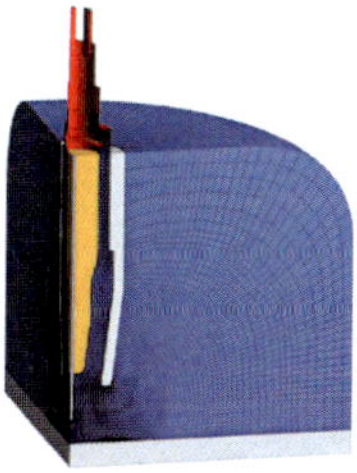

Anlage 4 Verschmutzte Brennerkomponenten

Roboterschweißbrenner für Stahl (Brenner I):

DS01 und SD01 - unbenutzt	

DS02 und SD02 – verschmutzt	
	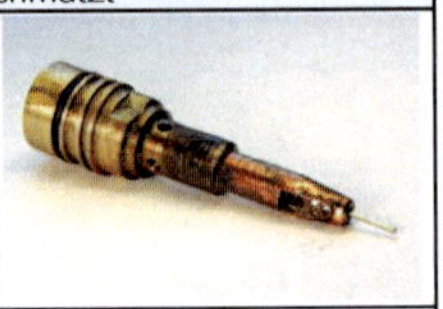
SD03 - 600 Teile geschweißt	
	Düsenstock und Stromkontaktrohr nicht vorhanden

DS04 und SD04 - 1100 Teile geschweißt	

DS05 und SD05 - 1700 Teile geschweißt	

Roboterbrenner für Aluminium (Brenner J):

Schutzgasdüse		Düsenstock	
sauber	verschmutzt	sauber	verschmutzt

Handbrenner für Stahl (Brenner K):

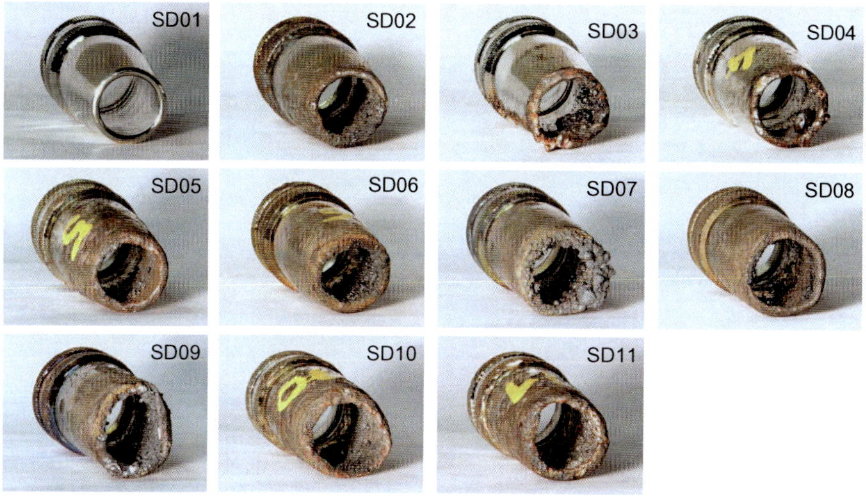

Künstliche Verschmutzungen (Brenner E):

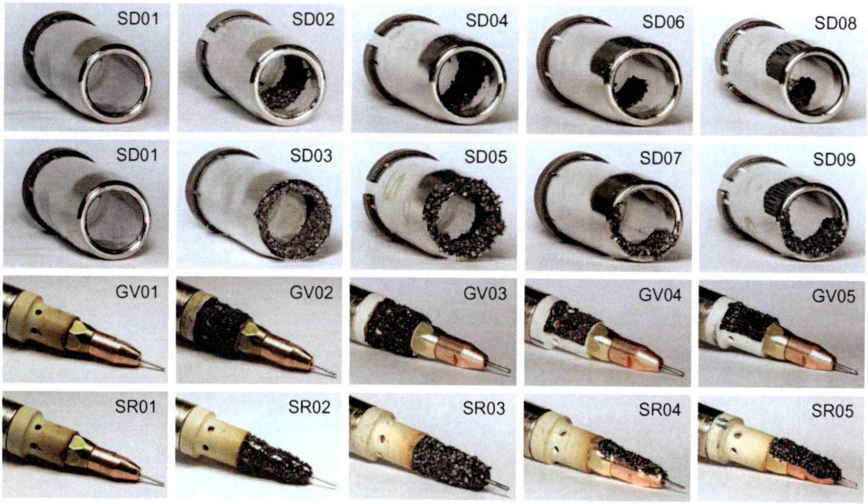

Anlage 5 Untersuchung der brennerinternen Strömung (90°-Modell+GV)

Variation der Gasmenge bei 1,5 mm Bohrungsdurchmesser:

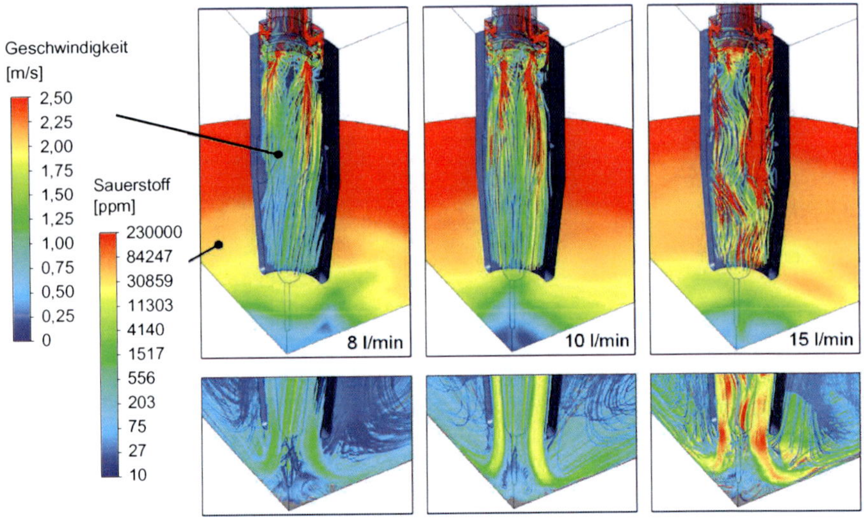

Variation des Bohrungsdurchmessers bei 10 l/min:

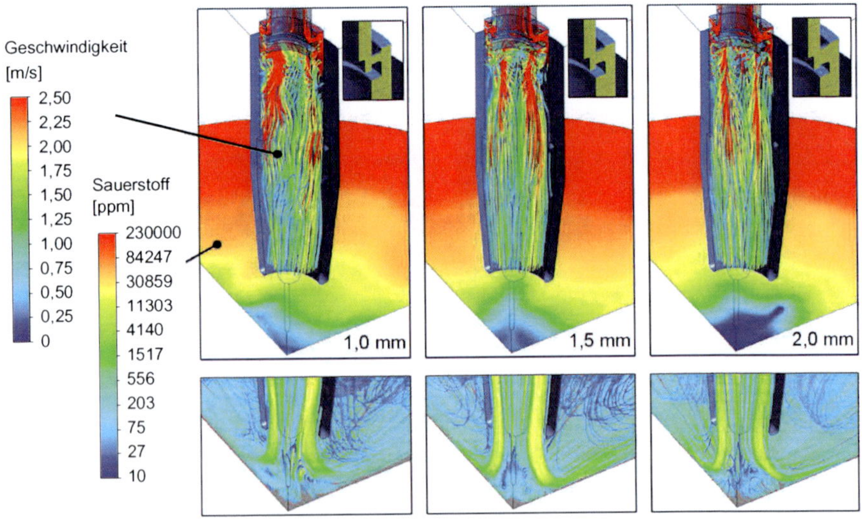

Anlage 6 Einfluss von Schutzgasmenge und Stromstärke (6°-Modell)

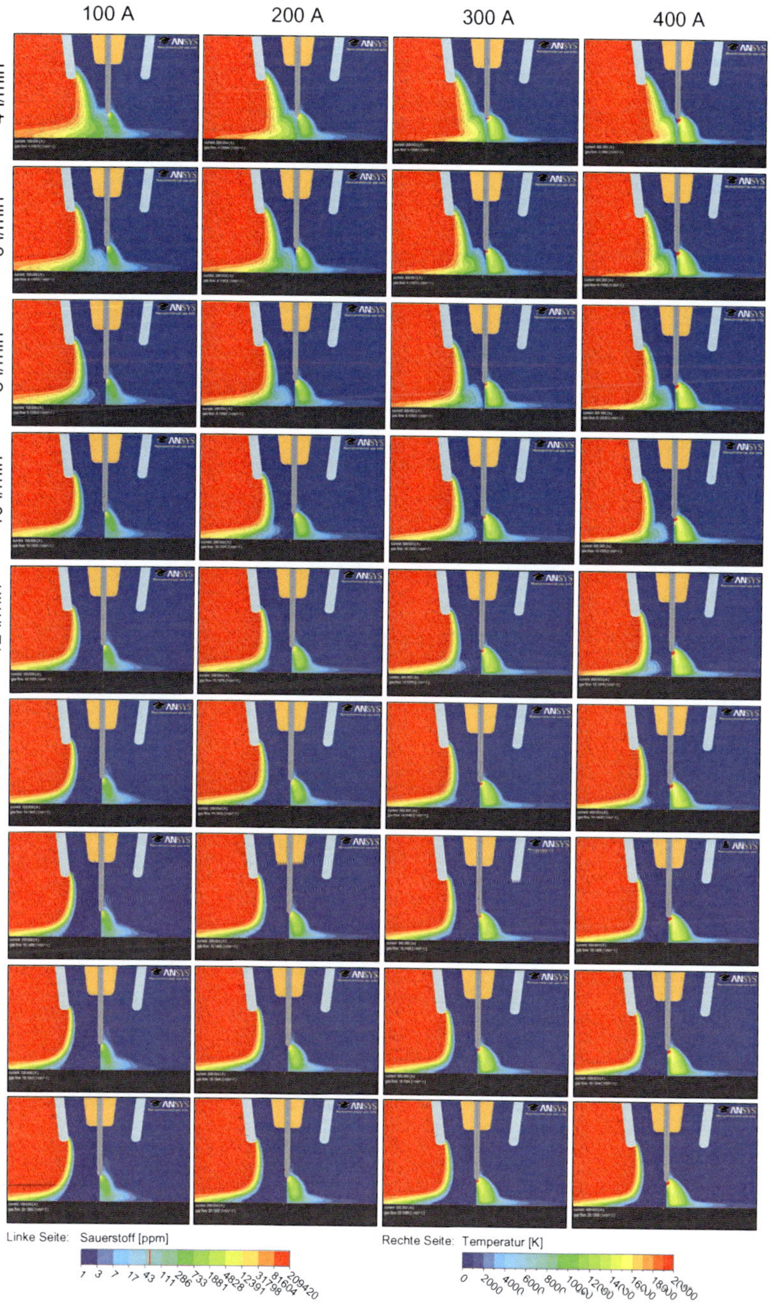

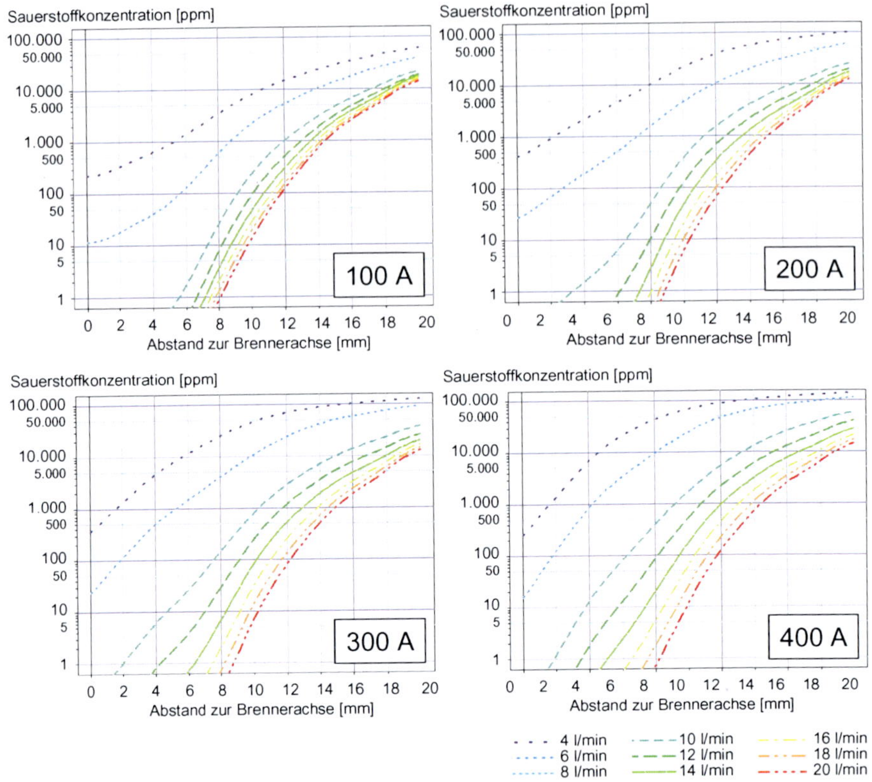
Sauerstoffkonzentration [ppm]
100.000
50.000
10.000
5.000
1.000
500
100
50
10
5
1
0 2 4 6 8 10 12 14 16 18 20
Abstand zur Brennerachse [mm]
100 A
200 A
300 A
400 A
4 l/min
6 l/min
8 l/min
10 l/min
12 l/min
14 l/min
16 l/min
18 l/min
20 l/min

Anlage 7 Variation der Pulsform bei gleichbleibender Streckenenergie

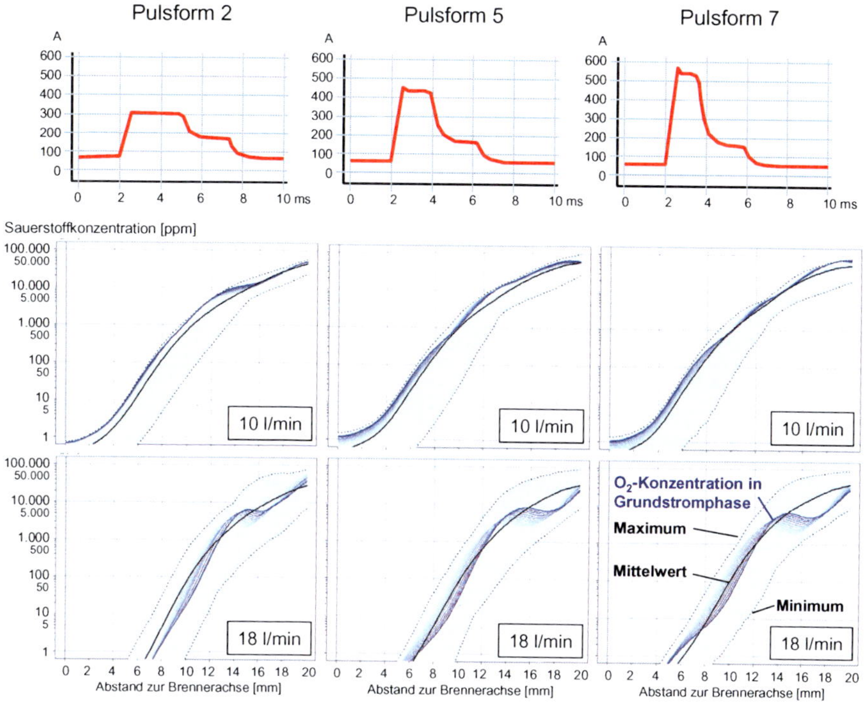

Anlage 8 Einfluss der Schutzgasdüsenform (6°-Modell)

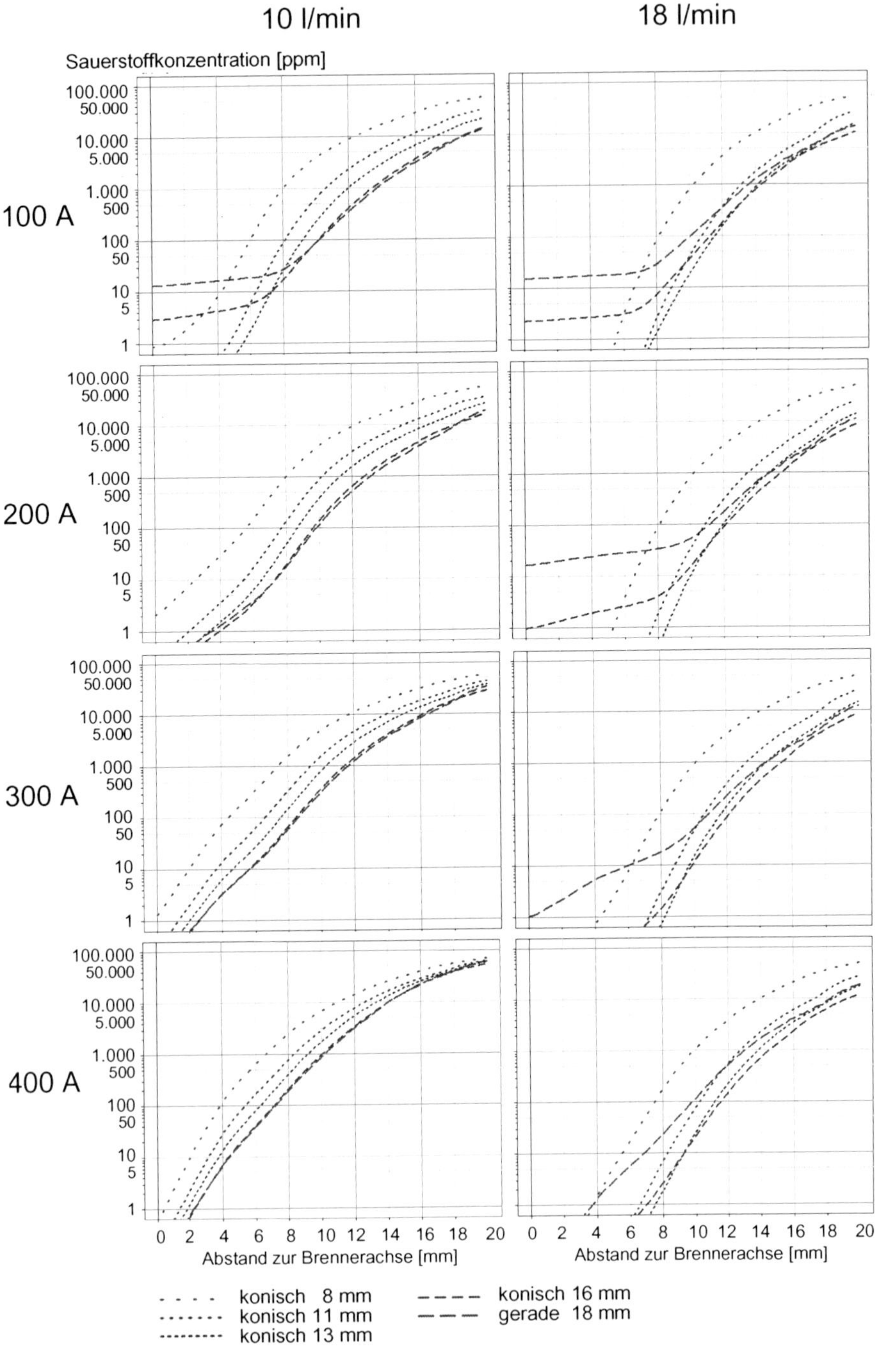

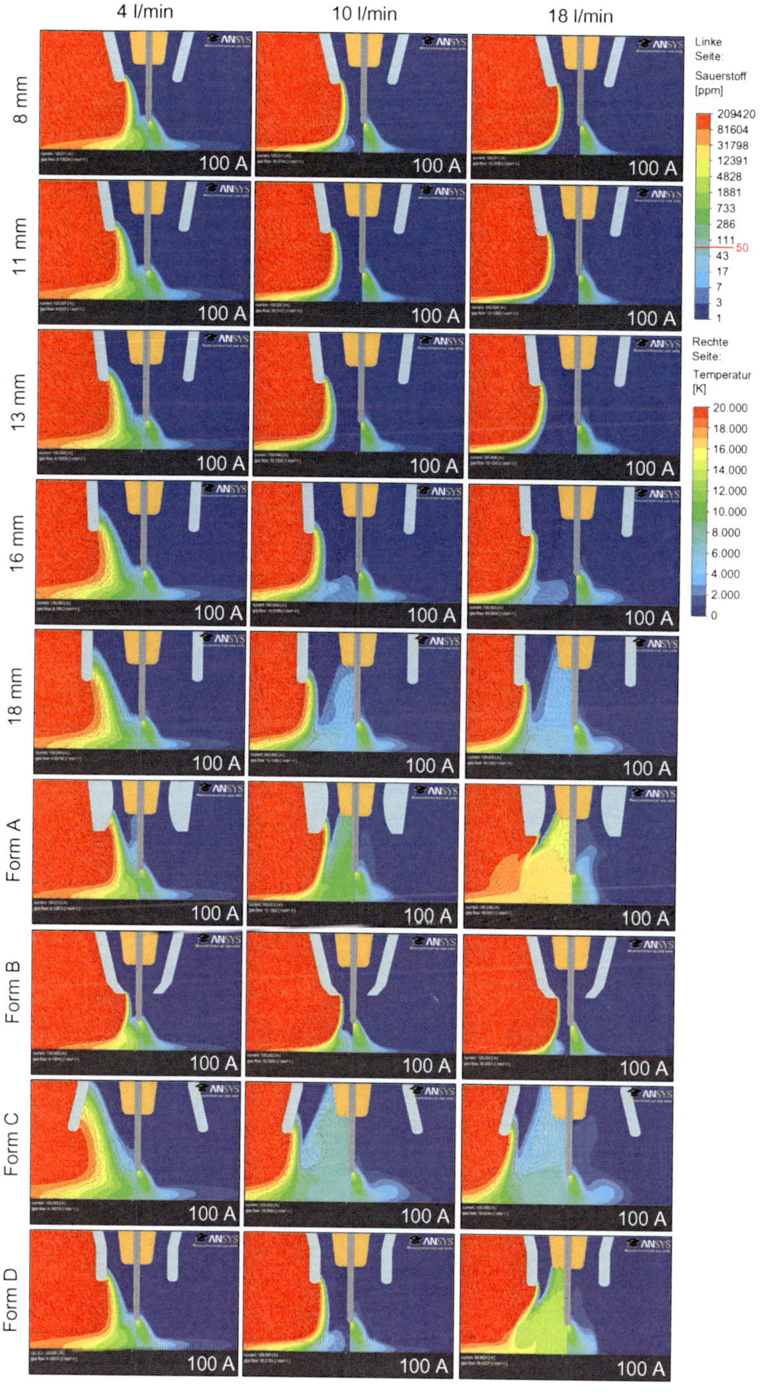
4 l/min
10 l/min
18 l/min
8 mm
11 mm
13 mm
16 mm
18 mm
Form A
Form B
Form C
Form D
100 A
ANSYS
Linke Seite:
Sauerstoff [ppm]
209420
81604
31798
12391
4828
1881
733
286
111
50
43
17
7
3
1
Rechte Seite:
Temperatur [K]
20.000
18.000
16.000
14.000
12.000
10.000
8.000
6.000
4.000
2.000
0

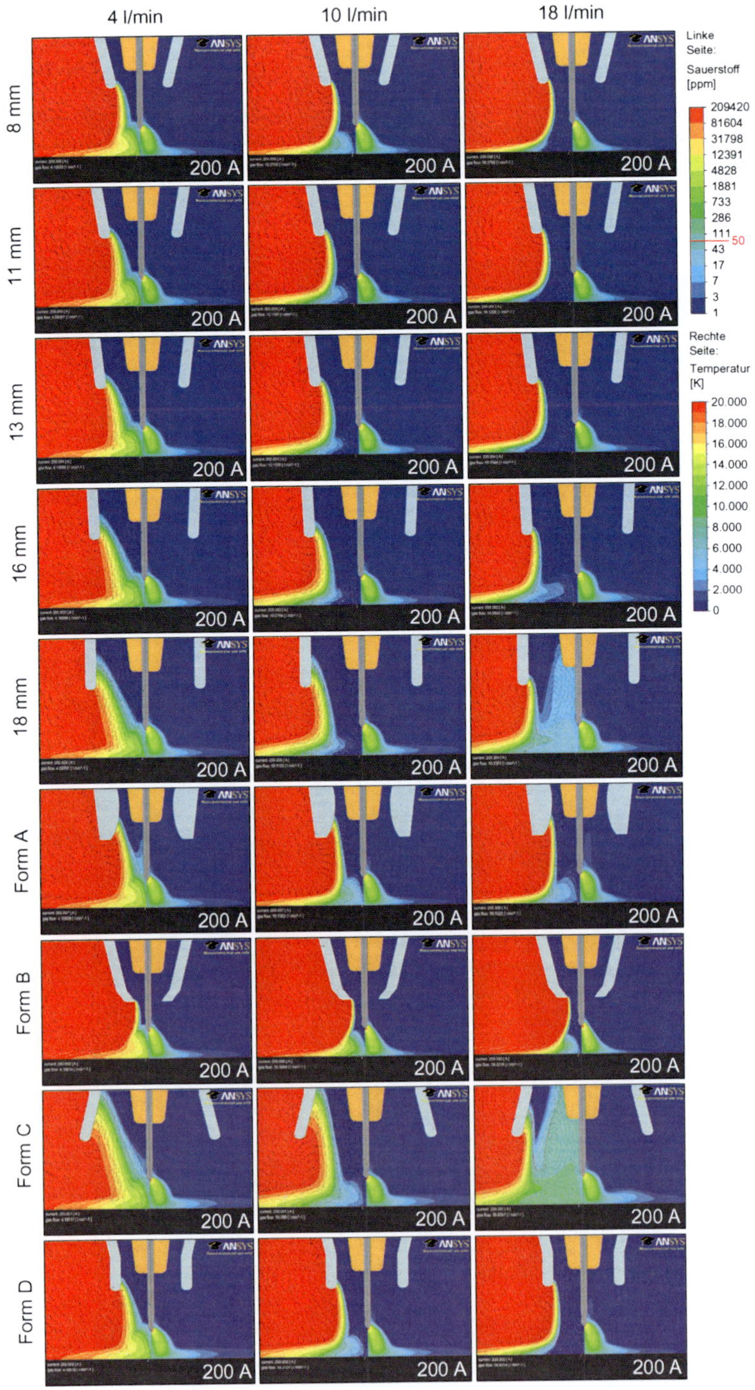
4 l/min
10 l/min
18 l/min
8 mm
11 mm
13 mm
16 mm
18 mm
Form A
Form B
Form C
Form D
200 A
Linke Seite:
Sauerstoff [ppm]
209420
81604
31798
12391
4828
1881
733
286
111
50
43
17
7
3
1
Rechte Seite:
Temperatur [K]
20.000
18.000
16.000
14.000
12.000
10.000
8.000
6.000
4.000
2.000
0

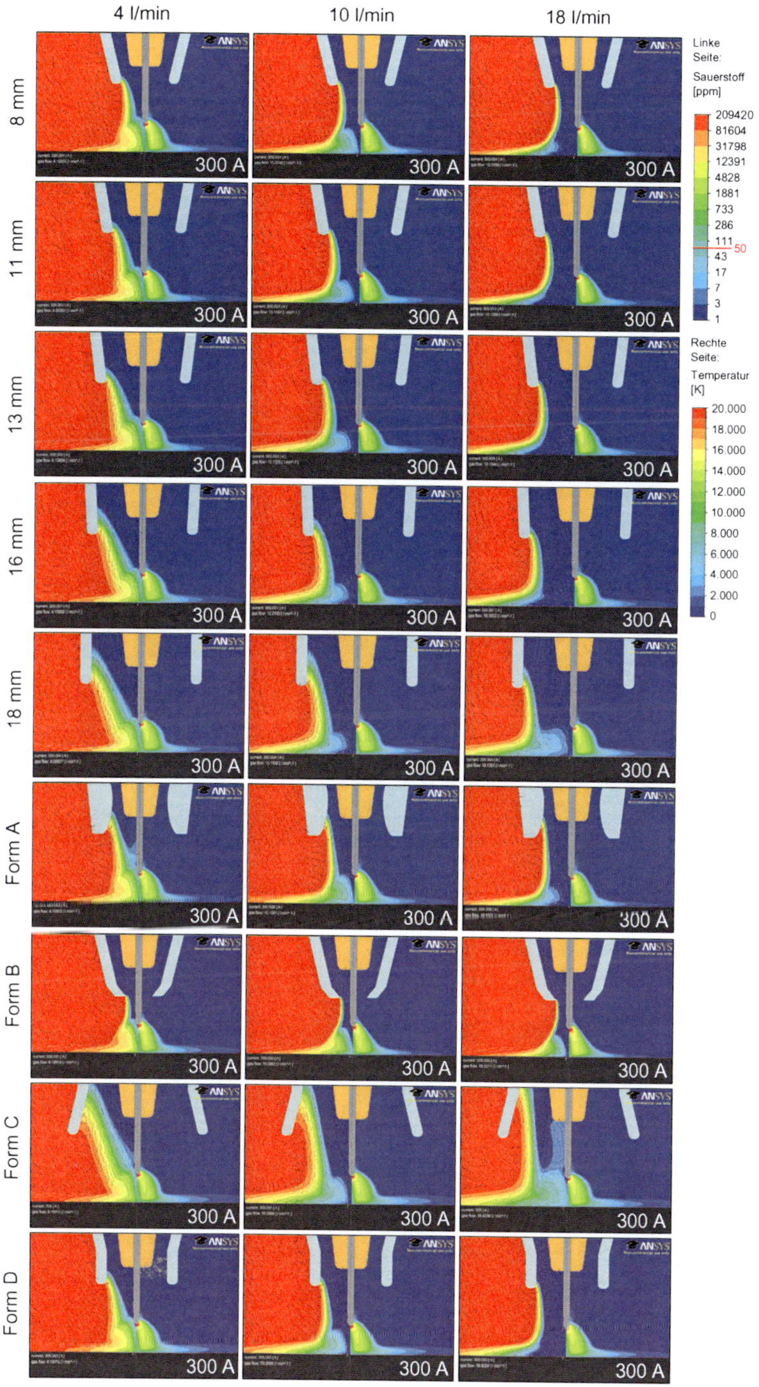
4 l/min
10 l/min
18 l/min
8 mm
11 mm
13 mm
16 mm
18 mm
Form A
Form B
Form C
Form D
300 A
Linke Seite:
Sauerstoff [ppm]
209420
81604
31798
12391
4828
1881
733
286
111
50
43
17
7
3
1
Rechte Seite:
Temperatur [K]
20.000
18.000
16.000
14.000
12.000
10.000
8.000
6.000
4.000
2.000
0

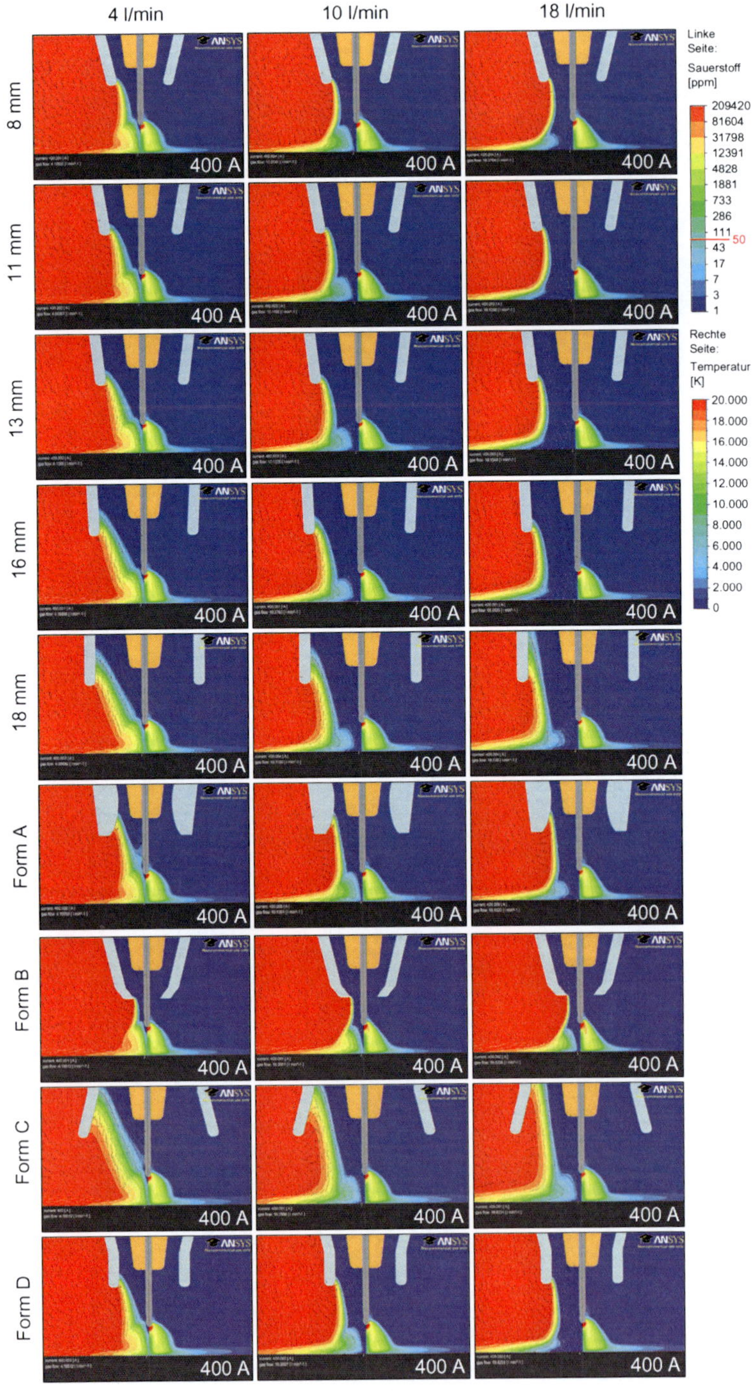
4 l/min
10 l/min
18 l/min
8 mm
11 mm
13 mm
16 mm
18 mm
Form A
Form B
Form C
Form D
400 A
Linke Seite:
Sauerstoff [ppm]
209420
81604
31798
12391
4828
1881
733
286
111
50
43
17
7
3
1
Rechte Seite:
Temperatur [K]
20.000
18.000
16.000
14.000
12.000
10.000
8.000
6.000
4.000
2.000
0

Anlage 9 Einfluss der Gasdüsenposition (6°-Modell)

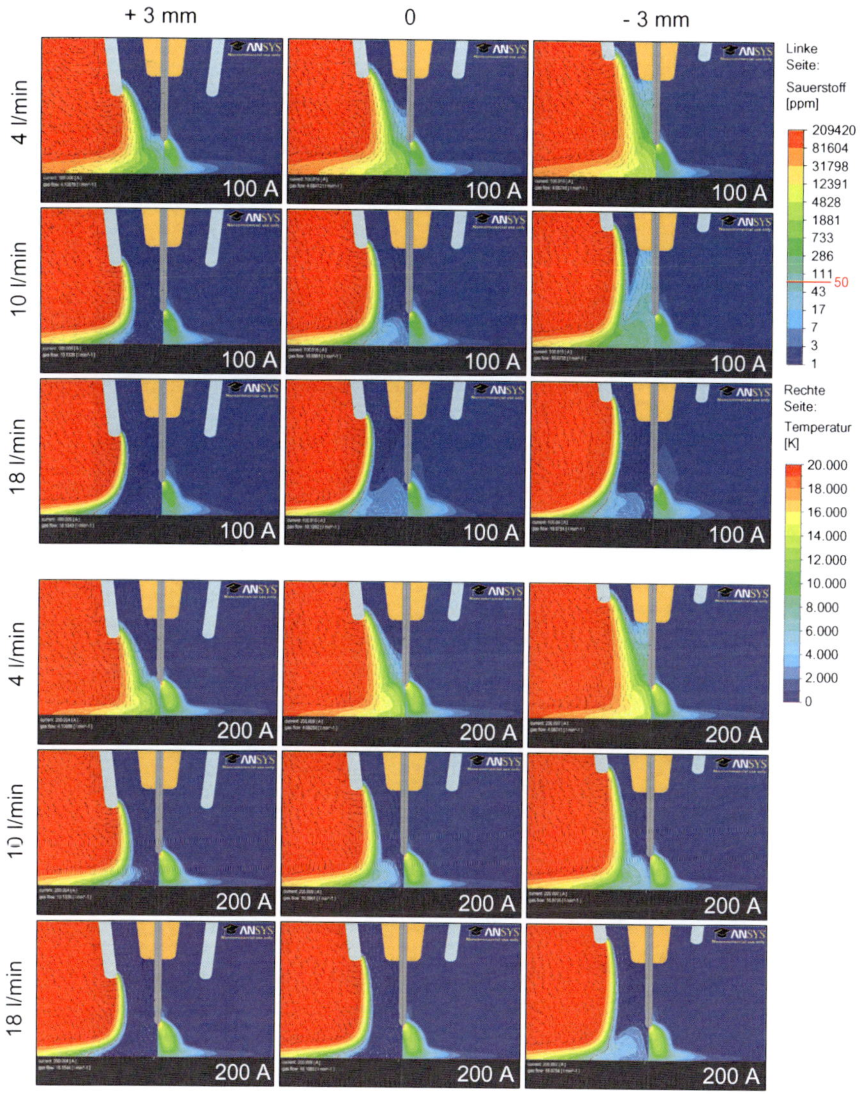

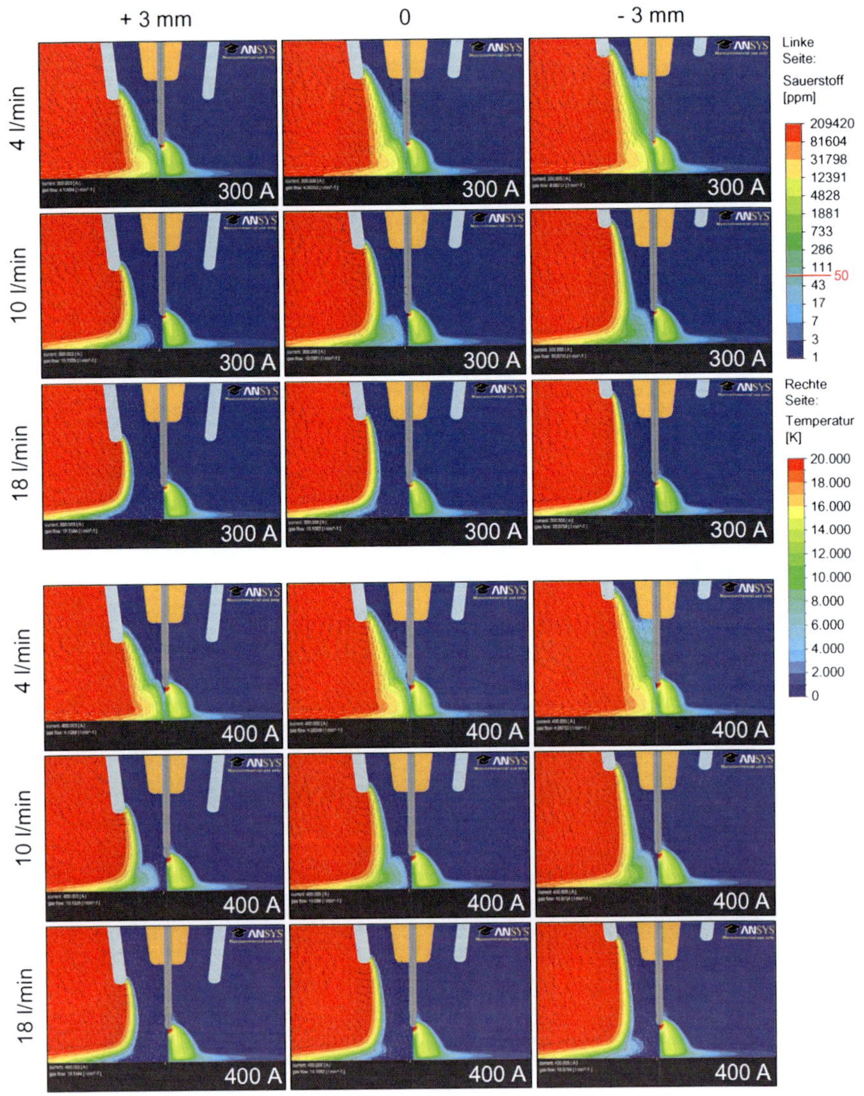
+ 3 mm
0
- 3 mm
4 l/min
10 l/min
18 l/min
4 l/min
10 l/min
18 l/min
300 A
400 A
Linke Seite:
Sauerstoff [ppm]
209420
81604
31798
12391
4828
1881
733
286
111
50
43
17
7
3
1
Rechte Seite:
Temperatur [K]
20.000
18.000
16.000
14.000
12.000
10.000
8.000
6.000
4.000
2.000
0

Anlage 10 Einfluss des Brennerabstandes (6°-Modell)

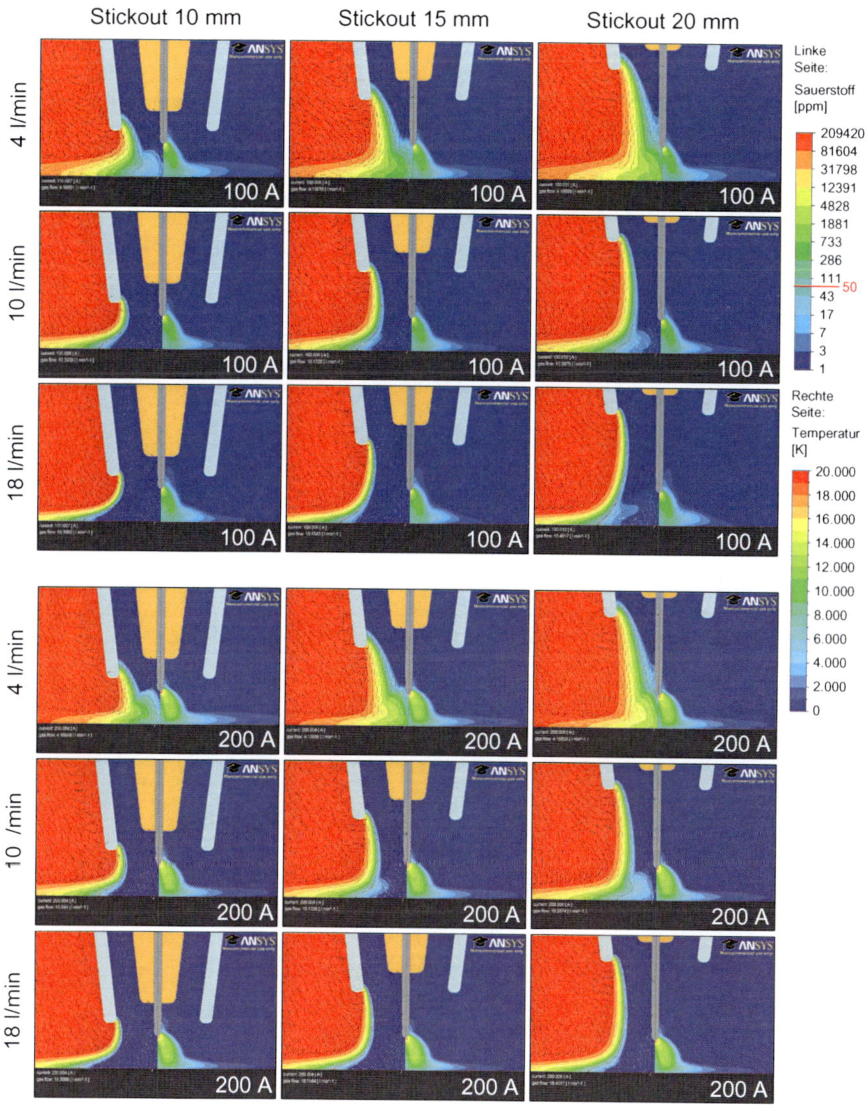

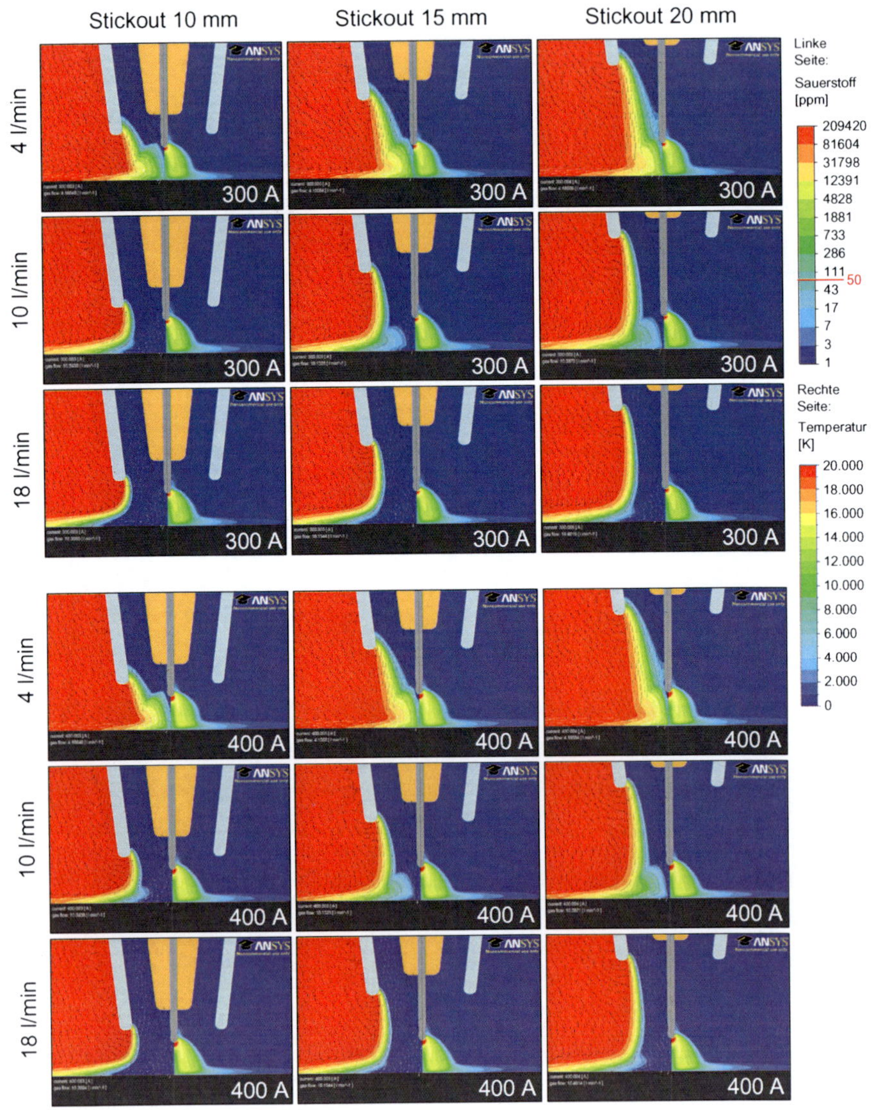
Stickout 10 mm
Stickout 15 mm
Stickout 20 mm
4 l/min
10 l/min
18 l/min
300 A
400 A
Linke Seite:
Sauerstoff [ppm]
209420
81604
31798
12391
4828
1881
733
286
111
50
43
17
7
3
1
Rechte Seite:
Temperatur [K]
20.000
18.000
16.000
14.000
12.000
10.000
8.000
6.000
4.000
2.000
0
ANSYS

Anlage 11 Einfluss der Brennerneigung (180°-Modell)

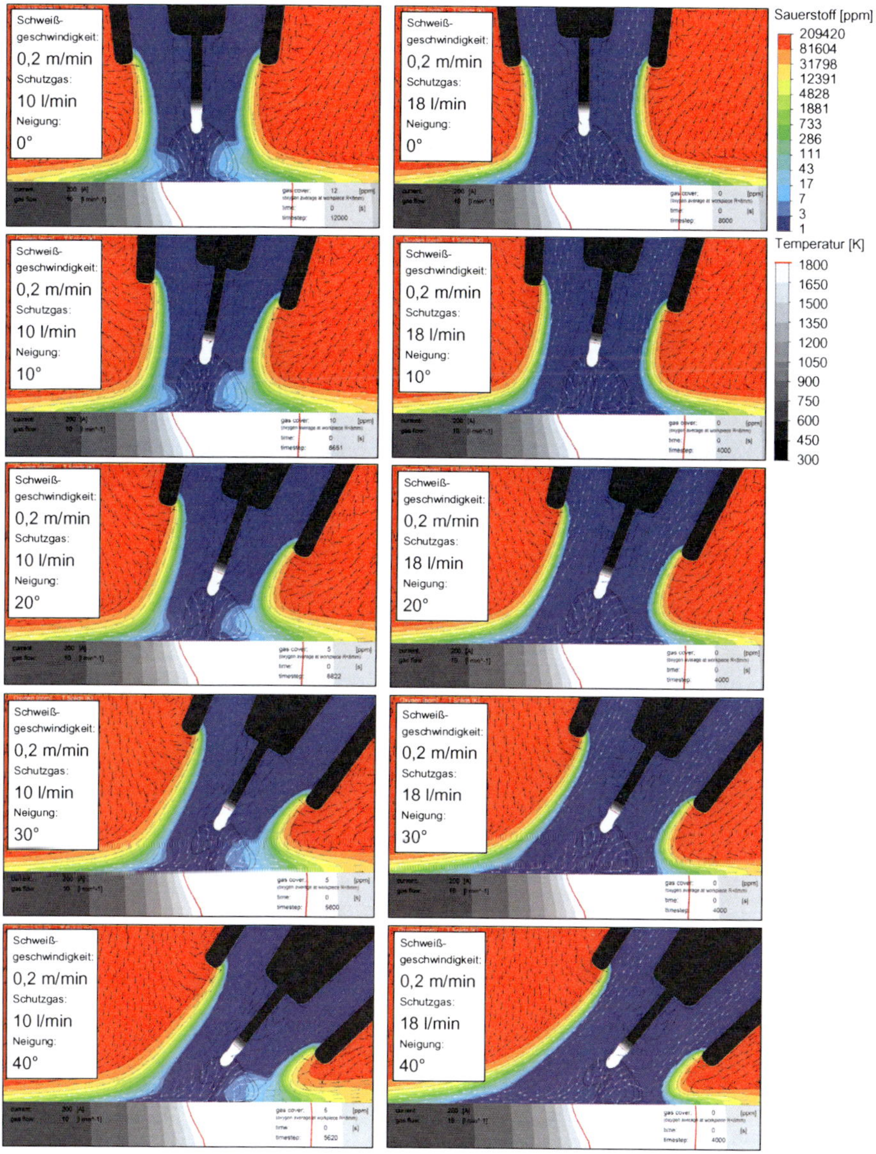